高等教育理工类"十四五"系列规划教材

U0265475

建筑制图
与识图

主　编　张　琳

主　审　蒲小琼

副主编　向　斌　冉　迅　陈　军

参　编　魏　娜　蒋梦菲　卢睿泓　牛　云

　　　　喻　叶　崔　瑜　何雨露

四川大学出版社
SICHUAN UNIVERSITY PRESS

图书在版编目（CIP）数据

建筑制图与识图 / 张琳主编 . — 成都：四川大学
出版社，2022.8
　　ISBN 978-7-5690-5525-2

　　Ⅰ．①建… Ⅱ．①张… Ⅲ．①建筑制图－识别－高等
学校－教材 Ⅳ．① TU204.21

　　中国版本图书馆 CIP 数据核字（2022）第 108577 号

书　　名：建筑制图与识图
　　　　　Jianzhu Zhitu yu Shitu
主　　编：张　琳
丛 书 名：高等教育理工类"十四五"系列规划教材

丛书策划：庞国伟　蒋　玙
选题策划：王　睿
责任编辑：王　睿
责任校对：胡晓燕
装帧设计：墨创文化
责任印制：王　炜

出版发行：四川大学出版社有限责任公司
　　　　　地址：成都市一环路南一段 24 号（610065）
　　　　　电话：（028）85408311（发行部）、85400276（总编室）
　　　　　电子邮箱：scupress@vip.163.com
　　　　　网址：https://press.scu.edu.cn
印前制作：四川胜翔数码印务设计有限公司
印刷装订：成都金阳印务有限责任公司

成品尺寸：185 mm×260 mm
印　　张：14
字　　数：326 千字

版　　次：2022 年 8 月 第 1 版
印　　次：2022 年 8 月 第 1 次印刷
定　　价：58.00 元

四川大学出版社
微信公众号

本社图书如有印装质量问题，请联系发行部调换

前　言

　　本书是在蒲小琼、苏宏庆主编的《建筑制图》的基础上，根据教育部工程图学指导委员会最新修订并公布的"普通高等学校工程图学课程教学基本要求"以及《房屋建筑制图统一标准》(GB/T 50001—2017)等有关专业制图标准，总结了编者多年的教学经验编写而成的。

　　实践证明，由蒲小琼、苏宏庆主编的《建筑制图》的体系是比较可取的，所以本书在《建筑制图》的基础上进行修订并更名为《建筑制图与识图》。为了使本书更适合艺术设计类、建筑装饰类等相关专业学生的需要，精简了直线、平面的部分内容，删除了曲线与工程曲面等章节，增加了室外环境工程图的相关内容。为了增强读者的绘图和识图能力，特别充实了组合体的内容。

　　本书在编写上力求概念确切，论述严谨，尽量做到易读、易懂。为了便于读者理解，对本书的重点、难点和典型例题均作了较详细的叙述或分析。书中插图尽量做到简单、清晰，一般配有立体图。每章后面附有复习思考题，既便于读者复习，又可对所学知识加深理解。

　　本书由四川旅游学院张琳担任主编，成都文理学院向斌，四川长江职业学院冉迅，成都纺织高等专科学校陈军担任副主编，由四川长江职业学院魏娜、四川旅游学院蒋梦菲、卢睿泓、牛云，成都文理学院喻叶，成都艺术职业大学崔瑜，四川工商学院何雨露担任参编。

　　具体编写分工为：张琳（前言，第 0、5、7、8 章）；张琳、牛云（第 1 章）；向斌（第 11 章）；冉迅（第 9 章）；陈军（第 2 章）；魏娜（第 3 章）；蒋梦菲（第 10 章）；卢睿泓、何雨露（第 4 章）；喻叶（第 6 章）；牛云、崔瑜（第 12 章）。

　　本书由四川大学蒲小琼担任主审，对本书提出了许多宝贵的意见和建议，并参与了部分修订工作，在此表示衷心的感谢。

　　对在本书的编写过程中给予编者大力支持的四川大学龙恩深教授、四川旅游学院艺术学院文佳才副院长、罗德泉副教授、宋晶副教授表示衷心的感谢。

　　本书在编写过程中，参考了一些相关图书，特向有关作者表示衷心的感谢。由于编者水平有限，书中疏漏、错误在所难免，敬请读者批评指正。

编　者

2022 年 6 月

目　　录

0 绪 论

0.1 本课程的性质和任务

工程建筑物的施工是依据工程图样进行的,设计工程建筑物时要用工程图样表达设计意图;在技术交流时,也常用工程图样交流科学成果。因此,工程图样被喻为"工程界的语言"。

建筑制图是研究绘制和阅读建筑工程图样理论和方法的学科。建筑制图课程的主要任务是:

① 学习投影法(主要是正投影法)的基本理论及其应用。

② 培养一定的空间想象能力和形体表达能力。

③ 培养绘制和阅读建筑工程图样的能力。

④ 培养计算机绘图的初步能力。

⑤ 培养认真、负责的工作态度和严谨细致的工作作风。

0.2 本课程的学习方法

本课程包括画法几何(投影理论)和工程制图两部分。画法几何部分的特点是系统性强,逻辑严谨。学生在上课时应注意认真听讲,做好笔记;复习时应先阅读教材中的有关内容,弄懂课堂上学习的基本原理和基本作图方法。在学习过程中,要注意运用正投影原理来加强对空间形体和平面图形之间对应关系的理解,进行由物到图和由图到物的反复练习,不断提高空间想象力。

工程制图的特点是实践性强。只有通过一定数量的画图、读图练习和多次实践,才能逐步掌握画图和读图的方法,提高画图和读图的能力。在做大作业之前,要很好地阅读作业指示书,按作业指示书的要求(如投影正确、作图准确、字体端正、图面美观等),并遵循国家和行业最新制图标准,正确使用绘图工具,严肃认真、耐心细致地完成画图和读图作业。

1 制图的基本知识和基本技能

1.1 绘图工具、仪器及其使用方法

工程图样通常有徒手绘制、尺规绘制和计算机绘制三种方式。一般精度要求不高的草图可采用徒手绘制,而精度要求高且比较正式的图样必须选用尺规或计算机绘制。

"工欲善其事,必先利其器。"尺规绘图的工具和仪器种类繁多,下面就学习中常用的绘图工具和仪器作简要介绍。

1.1.1 绘图笔

1.1.1.1 铅笔

铅笔是绘图必备的工具。铅笔笔芯的硬度用字母 H 和 B 标识。H 前的数字越大,铅芯越硬,如 2H 的铅芯比 H 的铅芯硬;B 前的数字越大,铅芯越软,如 2B 的铅芯比 B 的铅芯软;HB 是中等硬度。通常,H 或 2H 铅笔用于画底稿线以及细实线、点画线、双点画线、虚线等,HB 或 B 铅笔用于画中粗线、写字等,B 或 2B 铅笔用于画粗实线。

铅笔要从没有标记的一端开始削,以便保留笔芯软硬的标记。将画底稿或写字用铅笔的铅芯部分削成锥形,铅芯外露 6~8 mm,如图 1-1(a)所示;用于加深图线的铅芯可以磨成图 1-1(b)所示的形状。

用铅笔绘图时,用力要均匀,不宜过大,以免划破图纸或留下凹痕。铅笔笔尖与尺边的距离要适中,以保持线条位置的准确,如图 1-2 所示。

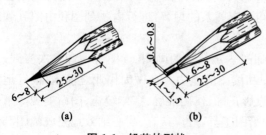

图 1-1 铅芯的形状
(a) 画底稿或写字用铅芯的形状;(b) 加深图线铅芯的形状

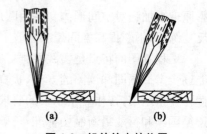

图 1-2 铅笔笔尖的位置
(a) 合适;(b) 不合适

1.1.1.2　直线笔和针管笔

直线笔(又名鸭嘴笔)和针管笔都是用来上墨描线的,目前已广泛用针管笔代替了直线笔。针管笔笔端是不同粗细的针管,绘图时可按所需线宽选用,常用的规格有0.2 mm、0.3 mm、0.4 mm、0.5 mm、0.6 mm、0.7 mm、0.8 mm、1 mm、1.1 mm等。

直线笔和针管笔使用后必须及时清洗,以免针管堵塞。

1.1.2　图板、丁字尺和三角板

图板是铺放图纸的垫板,它的工作表面必须平坦光洁。其左边为工作导边,可通过光线间隙检查是否平直。图板不能用水洗刷和在日光下暴晒,也不能在图板上切纸。

丁字尺由尺头和尺身组成,如图1-3(a)所示。尺头接触图板的一边必须平直,尺身要紧靠尺头不能松动,尺身的工作边必须保持平直光滑,不能沿尺身的工作边切纸。

丁字尺主要用来画水平线,如图1-3(b)所示。画线前,左手握住尺头,使它始终紧靠图板左边,然后上下移动到要画线的位置。画水平线时要自左向右画,每画一条线,左手都要向右按一下尺头,看它是否紧贴图板。所画线段的位置离尺头较远时,要用左手按住尺身,以防止尺身摆动或尺尾翘起。

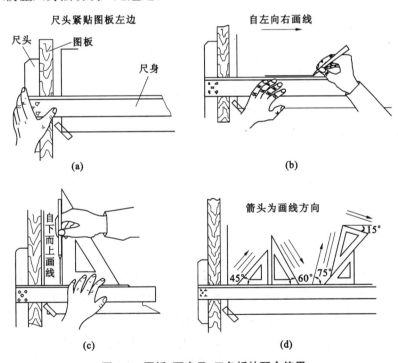

图1-3　图板、丁字尺、三角板的配合使用
(a) 图板与丁字尺;(b) 画水平线;(c) 画铅垂线;(d) 画特定角度的斜线

三角板的角度要准确,各边应平直光滑。三角板和丁字尺配合使用可画铅垂线。画铅垂线时,三角板的一直角边应紧靠丁字尺尺身的工作边,然后沿丁字尺尺身的工作边移动三角板,直至另一直角边到达所画铅垂线的位置,再用左手按住丁字尺,右手执笔自下而上画线,如图1-3(c)所示。若三角板与图板接触不好,在画铅垂线时,应用右手的小

指轻轻按住三角板并不断滑动。三角板同丁字尺配合使用也可以画特定角度的斜线,如30°、45°、60°、75°等,如图1-3(d)所示。

1.1.3 分规和圆规

1.1.3.1 分规

分规的两条腿都是钢针,它主要是用来截取线段和等分线段的,如图1-4(a)、(b)所示。使用分规时,两腿端部的两个钢针应调整平齐;当两腿合拢时,针尖应汇合于一点。

用分规等分线段可用试分法。如图1-4(c)所示,若要三等分线段AB,则先目测估算,使分规两针尖间的距离大约为AB长度的1/3,然后从点A开始在AB上试分。如果最后一点C超出(或不到)点B,说明两针尖间的距离大于(或小于)AB长度的1/3,则应使分规两针尖向里闭合(或向外张开)BC长度的1/3,再进行试分,直至刚好等分为止。

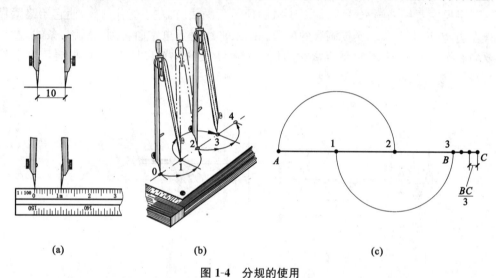

(a)   (b)   (c)

图1-4 分规的使用

(a) 用分规截取线段;(b) 用分规等分线段;(c)用试分法等分线段

1.1.3.2 圆规

圆规的一条腿为钢针,另一条腿为铅芯插腿。钢针的一端为圆锥形,另一端带有台肩,如图1-5所示。圆规主要用来画圆和圆弧。画圆或圆弧时,将钢针置于圆心上,在铅芯插腿上装铅芯可以绘制铅笔圆,装墨线头可以绘制墨线圆。若在铅芯插腿上装钢针(用不带台肩一端),使两针尖齐平,可作分规使用。

安装铅芯时,应将铅芯调整得比钢针短一些。当钢针扎入图板后,就与铅芯一样长了。这样,画圆的时候钢针就不会从圆心位置滑掉跑偏,如图1-5(b)所示。

使用圆规画细线圆时,铅芯插腿应安装较硬的铅芯(如2H、H),铅芯应磨成铲形,并使斜面向外,如图1-6(a)所示。画粗实线圆时,铅芯插腿应安装较软的铅芯(如B、2B),铅芯截面可磨成矩形,如图1-6(b)所示。画粗实线圆的铅芯要比画粗直线的铅芯软一号,以便使图线深浅一致。

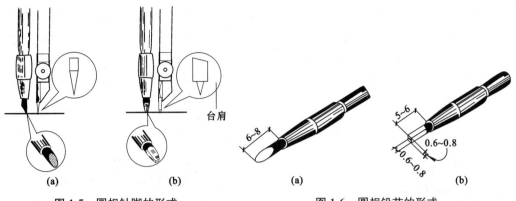

图 1-5　圆规针脚的形式

(a) 普通尖;(b) 台肩尖

图 1-6　圆规铅芯的形式

(a) 铲形;(b) 矩形

用圆规画圆时,应将圆规略向前进方向倾斜,如图 1-7(a)所示。画圆时,应随时调整圆规两腿,保证两腿与纸面垂直,如图 1-7(b)所示。画圆时,手持圆规的方法如图 1-8 所示。画较大直径圆时,可用加长杆来增大所画圆的半径,并且使圆规两脚都与纸面垂直,如图 1-8(b)所示。画小圆时宜用弹簧圆规或点圆规。

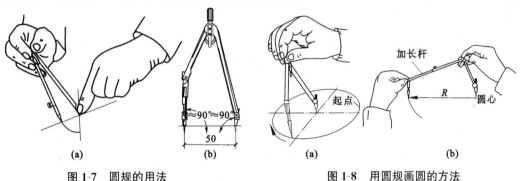

图 1-7　圆规的用法

图 1-8　用圆规画圆的方法

(a) 画一般直径圆;(b) 画较大直径圆

1.1.4　比例尺

图样上所画图形的线性尺寸与实物相应线性尺寸之比称为比例。比例尺是刻有不同比例的直尺。其形式很多,常用的比例尺做成三棱柱状,称为三棱尺。比例尺只能用来度量尺寸,不能用来画线。尺寸可从比例尺上直接量取,如图 1-9(a)所示;也可以先用分规从比例尺上量取,再移到图纸上,如图 1-9(b)所示。必须注意,不能用分规的针尖在比例尺刻度上扎眼,以免破坏尺面。

公制比例尺所用的单位是 m。比例尺中的每一个刻度都有一个"m",没有注"m"的数值也是以 m 为单位的,如图 1-9 所示。

比例尺三棱面上有六个不同的刻度,使用其中某一种刻度时,可直接按该尺面所刻的数值量取或读出该线段的长度。如图 1-9(c)所示,若选用1∶100的比例,4 m(400 cm)的长度相当于1∶10 比例的40 cm,亦相当于1∶1 比例的4 cm。由于 4 cm=40 mm,故1∶100比例尺中的每一最小格长度为 1 mm。为此,得出了换算比例尺的规律:比例尺的分母与刻度数值呈正比变化,即将比例的分母乘以(或除以)同刻度的倍数。例如,要用

1：25的比例画一个长为 250 cm 的图,若选用 1：100 的比例尺,则需先将1：25中的 25 换成 100,即 $25×4＝100$,而刻度数值也相应变为 $250×4＝1000（cm）＝10$ m；然后在 1：100 的比例尺上找到 10 m 的长度来画图。又如,要用 1：150 的比例画一个长度为 9 m 的图,若选用 1：300 的比例尺,则 $9×2＝18（m）$,即在 1：300 的比例尺上找到 18 m 的刻度来画图。

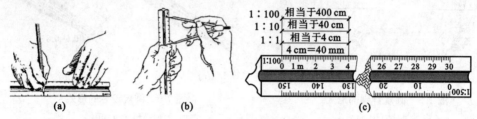

图 1-9　比例尺的使用

（a）直接量取尺寸；（b）用分规量取尺寸；（c）比例尺使用实例

1.1.5　曲线板

图 1-10　曲线板

曲线板是用来描绘非圆曲线的,图 1-10 所示为复式曲线板。使用曲线板时,先用铅笔用细实线徒手轻轻地将已找出曲线上的各点依次连成曲线,如图 1-11（a）所示。描绘曲线时,根据曲线的弯曲趋势在曲线板上选择与曲线吻合的部分进行绘制。绘制较长的曲线时要分几次完成：第一次至少取三个连续点与曲线板吻合（重合）,如在图 1-11(b)中找出 1～4 四个连续点与曲线板重合,分二段,头段（1～3 点）沿曲线板描绘,尾段（3～4 点）暂不描绘,留待下次描绘时重合。第二次（及其以后多次）描绘时至少找出四个连续点与曲线板吻合,如在图 1-11(b)中取 3～6 四个连续点与曲线板重合,分三段,头段（3～4 点）与上次的尾段重合,尾段（5～6 点）留待下次描绘时重合。本次只描绘头段和中段（3～5 点）。如此重复,直到全部画出 1～13 点的曲线,如图 1-11（c）、（d）所示。为了使描绘的曲线光滑,在两次描绘的曲线连接部分必须重合一小段。

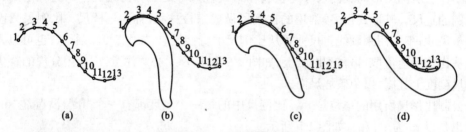

图 1-11　曲线板的用法

（a）徒手连细实线；（b）第 1、2 次找四点连三点；（c）第 3 次找 4 点连三点；（d）画出 1～13 点的曲线

1.1.6　其他绘图工具

绘图用的图纸、削铅笔用的刀片、擦图线用的橡皮、固定图纸用的透明胶带、扫橡皮

末用的毛刷、磨铅芯用的砂纸、修改图线用的擦图片、为提高绘图质量和速度用的模板等,都是绘图必不可少的工具,如图 1-12 所示。

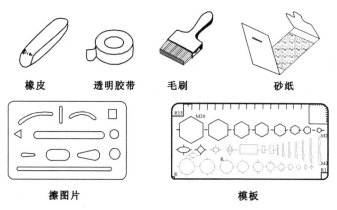

橡皮　　　　透明胶带　　　　毛刷　　　　　砂纸

擦图片　　　　　　　　　　模板

图 1-12　其他绘图工具

1.2　制图的基本规定

图样是工程技术界的共同语言,是产品或工程设计结果的一种表达形式,是产品制造或工程施工的依据,是组织和管理生产的重要技术文件。为了便于技术信息交流,对图样必须作出统一的规定。

由国家指定的专门机关负责组织制定的全国范围内执行的标准,称为国家标准,简称"国标",代号为 GB;由国际标准化组织制定的世界范围内使用的国际标准,代号为 ISO。目前,在建筑方面,国内执行的制图标准主要有《房屋建筑制图统一标准》(GB/T 50001—2010)、《总图制图标准》(GB/T 50103—2010)、《建筑制图标准》(GB/T 50104—2010)、《建筑结构制图标准》(GB/T 50105—2010)等。

本节将分别就《房屋建筑制图统一标准》(GB/T 50001—2010)中规定的基本内容,包括图纸的幅面及格式、比例、字体、图线、尺寸标注等作简要介绍。

1.2.1　图纸幅面和格式

1.2.1.1　图纸幅面

图纸幅面及图框尺寸见表 1-1。

表 1-1　　　　　　　　　　　图纸幅面及图框尺寸

幅面代号	A0	A1	A2	A3	A4
$B \times L$/(mm×mm)	841×1189	594×841	420×594	297×420	210×297
c/mm	10			5	
a/mm	25				

图纸幅面是指由图纸宽度 B 与长度 L 所组成的图面。

（1）基本幅面

《房屋建筑制图统一标准》（GB/T 50001—2010）规定，绘制技术图样时应优先采用表 1-1 所规定的五种基本幅面，其代号为 A0、A1、A2、A3、A4，尺寸为 $B \times L$。各图框尺寸应符合表 1-1 的规定。由表 1-1 可知，A1 图幅是 A0 图幅对裁剪，A2 图幅是 A1 图幅对裁剪，其余以此类推。

（2）加长幅面

必要时，允许选用加长幅面。在选用加长幅面时，图纸的短边尺寸不应加长，A0～A3 幅面长边尺寸可加长。加长尺寸按《房屋建筑制图统一标准》（GB/T 50001—2010）的相关规定执行，这里不再赘述。

在一个工程设计中，每个专业所使用的图纸不宜多于两种幅面（不含目录及表格所采用的 A4 幅面）。绘图时，图纸可采用横式或竖式放置。图纸以短边作为垂直边为横式，以短边作为水平边为立式。A0～A3 图纸宜横式使用；必要时，也可立式使用。图纸中应有标题栏、图框线、幅面线、装订边线和对中标志。横式使用的图纸，应按图 1-13 所示的形式进行布置；立式使用的图纸，应按图 1-14 所示的形式进行布置。注意：对中标志是图纸微缩复制时的标记，它应绘制在图框线各边的中点处，其线宽为 0.35 mm，应伸入内框边 5 mm，如图 1-13 所示。

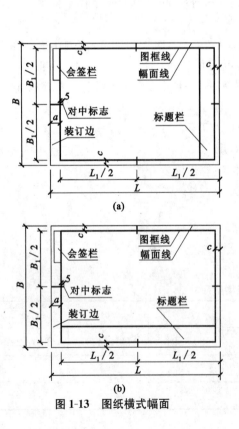

图 1-13　图纸横式幅面

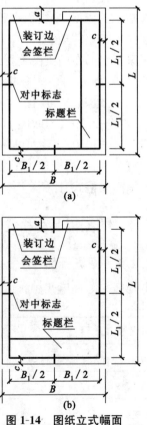

图 1-14　图纸立式幅面

1.2.1.2 标题栏与会签栏

标题栏和会签栏是图纸提供图样信息的栏目。标题栏和会签栏的尺寸、格式、分区及内容应根据工程的需要并按《房屋建筑制图统一标准》(GB/T 50001—2010)中的相关规定执行。在本课程的作业中,标题栏和会签栏的位置可按图 1-13、图 1-14 绘出,其尺寸、格式和内容可采用如图 1-15 所示形式绘制和填写。

图 1-15 标题栏和会签栏

(a) 标题栏;(b) 会签栏

1.2.2 比例

图样的比例,应为图形与实物相对应线性尺寸之比。比例的符号为"：",比例应以阿拉伯数字表示,如 1：1、1：5、1：200。比例的大小是指其比值的大小,如 1：10 大于 1：100。

比例宜注写在图名的右侧,字的基准线应取平;比例的字高宜比图名的字高小一号或二号,如图 1-16 所示。

平面图 1：100 ⑥ 1：20

图 1-16 比例的注写

绘图所用的比例应根据图样的用途与被绘对象的复杂程度从表 1-2 中选用,并应优先采用表中常用比例。

表 1-2 绘图所用的比例

常用比例	1：1、1：2、1：5、1：10、1：20、1：30、1：50、1：100、1：150、1：200、1：500、1：1000、1：2000
可用比例	1：3、1：4、1：6、1：15、1：25、1：40、1：60、1：80、1：250、1：300、1：400、1：600、1：5000、1：10000、1：20000、1：50000、1：100000、1：200000

一般情况下,一个图样应选用一种比例。根据专业制图的需要,同一图样可选用两种比例。特殊情况下也可自选比例,这时除应注出绘图比例外,还必须在适当位置绘制出相应的比例尺。

1.2.3 字体

图样上所需书写的文字、数字或符号等,均应笔画清晰、字体端正、排列整齐,标点符号应清楚正确。

字体的高度(用 h 表示,单位为 mm)习惯上称为字体的号数,如字高为 7 mm 就是 7 号字。字体的高度应从表 1-3 中选用。字高大于 10 mm 的文字宜采用 TrueType 字体;若需要书写更大的字,其高度应按 $\sqrt{2}$ 的倍数递增。

TrueType 字体的中文名称为全真字体,是由 Apple 公司和 Microsoft 公司联合提出的一种采用新型数学字形描述技术的计算机字体。由于该字体几乎支持所有设备,在各种设备上均能以该设备的分辨率输出非常光滑的文字,故目前在工程上得到了广泛的应用。

表 1-3	文字的字高	(单位:mm)
字体种类	中文矢量字体	TrueType 字体及非中文矢量字体
字高	3.5、5、7、10、14、20	3、4、6、8、10、14、20

1.2.3.1 汉字

图样及说明中的汉字,宜采用长仿宋体(矢量字体)或黑体,同一图纸上的字体种类不应超过两种。长仿宋体汉字的宽度与高度关系应符合表 1-4 的规定,黑体字的宽度与高度应相同。大标题、图册封面、地形图等中的汉字,也可书写成其他字体,但应易于辨认。

汉字的简化字书写应符合国家有关汉字简化方案的规定。汉字只能写成直体,其高度 h 不宜小于 3.5 mm。

长仿宋体字的特点是:笔画粗细均匀、横平竖直、刚劲有力、起落分明、书写规则。汉字的基本笔画如表 1-5 所示。

表 1-4		长仿宋体汉字高宽关系			(单位:mm)
字高	20	14	10	7	5	3.5
字宽	14	10	7	5	3.5	2.5

表 1-5　　　　　　　　　　　　汉字的基本笔画

形状与写法

汉字中有很多字是由偏旁部首组成的,对它们应有一定的了解。常用的偏旁部首和有关字例如表 1-6 所示。

表 1-6　　　　　　　　　　　部分常用偏旁部首及字例

偏旁	写法	字例	偏旁	写法	字例
亻	撇斜度宜大而直,竖位于撇的中部	作 位	禾	短横的长度约占字宽的 1/3	利 科
讠	竖点与短横不搭接	设 计	米	横稍上,上密下稀	料 粗
阝	"丨"要细长,长度约占 1/2,若在字右边则为 3/4	附 都	刂	左边竖要长些	制 到
彳	双撇平行,上撇略短,竖笔居中	行 往	戈	弯钩上半部分宜竖直,撇要长	成 或
氵	上点稍右,最下点是挑,斜度要大	河 流	殳	上部占格短些,"又"部略长而宽	投 段
扌	挑的位置不要太高,斜度要大些	据 技	人	撇长捺短结尾高	令 全
纟	第二笔要倾斜	级 缝	宀	上面是竖点,左边点要长些,向上出头	宋 安
火	"丿"要直,下面稍弯	炸 炼	艹	左边竖直,右边斜撇	范 幕
王	王字旁稍短,位置偏上或居中	理 班	竹	上面是两个短横画,下面是两个斜点	第 算
木	短横的长度占字宽的 1/3	校 核	雨	下面四点是短横画	零 雷
车	短横稍低,竖宜居中	轮 输	灬	左边第一点向左偏,其余微向右偏	照 然
日	要较细长	时 明	心	左点低右点高,挑点居中	志 意
礻	点为尖点,撇不要太长	初 被	广	"丿"应向上出头	度 麻
月	要细长	服 期	廴	捺要陡些,最后一笔要向左出头	延 建
钅	撇的斜度要大,不要太长	钢 铺	辶	捺要平些,"丶"不能与捺交叉	通 道

汉字的书写要领是:高宽足格、排列匀称、组合紧密、布局平稳。为了保持字体大小一致,应在按字号大小画的格子内书写。字距为字高的 1/8~1/4,行距为字高的 1/4~1/3。要写好长仿宋体字,除练好基本笔画外,还应该掌握字体的结构,并辅以勤学苦练、持之以恒。字体的结构分析如表 1-7 所示。

表 1-7　　　　　　　　　　　　　　　字体结构分析

要求	一般规律和字例		
高宽足格	参差字主笔到格　本　余	围合字按量缩进　固　日　口	
长短配合	多横贯穿字"上短下长中最短"　三　秦	多竖出头字"左矮右高中最高"　曲　山	
排列匀称	单体字"疏密均匀"　王　百	横列组合字"左窄短,右宽长"　林　特	竖向组合字"上密下稀脚宜长"　界　要
稳定紧密	重心居中或偏右　心　乃	左右穿插　切　改	上下交接　装　磨

为了便于读者临摹学习,这里将工程建设及本课程作业中常用的长仿宋体汉字列出,如图 1-17 所示。

土木建筑工程几何制图投影作线型断视平立侧主
民用房屋东南西北方向剖面设计说明基础踏板墙
柱梁挡板楼梯框架承重结构门窗阳台雨篷混凝土
民用房屋东南西北方向剖面设计说明基础踏板墙

图 1-17　长仿宋体汉字示例

1.2.3.2　数字和字母

图样及说明中的拉丁字母、阿拉伯数字与罗马数字,宜采用单线简体或 Roman 字体。拉丁字母、阿拉伯数字与罗马数字的书写规则,应符合表 1-8 的规定。

表 1-8 拉丁字母、阿拉伯数字与罗马数字的书写规则

书写格式	一般字体	窄字体
大写字母高度	h	h
小写字母高度(上下均无延伸)	$7h/10$	$10h/14$
小写字母伸出的头部或尾部	$3h/10$	$4h/14$
笔画宽度	$h/10$	$h/14$
字母间距	$2h/10$	$2h/14$
上下行基准线的最小间距	$15h/10$	$21h/14$
词间距	$6h/10$	$6h/14$

拉丁字母、阿拉伯数字与罗马数字如需写成斜体字,其斜度应是从字的底线逆时针向上倾斜 75°。斜体字的高度和宽度应与相应的直体字相等。拉丁字母、阿拉伯数字与罗马数字的字高不应小于 2.5 mm。

对于数量的数值注写,应采用正体阿拉伯数字。各种计量单位均应采用国家颁布的单位符号注写。单位符号应采用正体字母。

分数、百分数和比例数的注写,应采用阿拉伯数字和相应的数学符号,如 1/6、60%、1:200。

当注写的数字小于 1 时,应写出个位的"0",小数点应采用圆点,齐基准线书写,如 0.05。

拉丁字母、阿拉伯数字与罗马数字分别如图 1-18、图 1-19、图 1-20 所示。

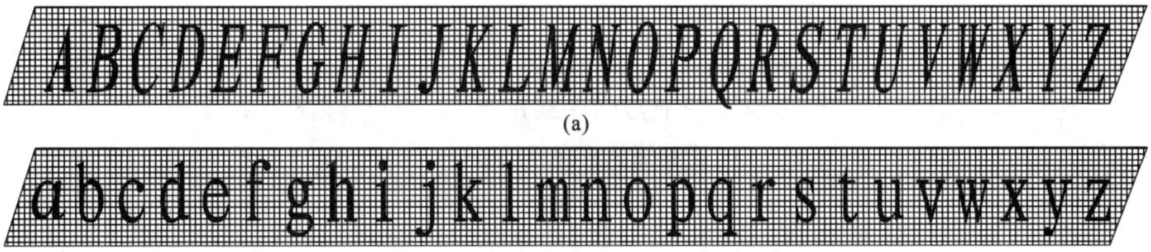

(a)

(b)

图 1-18 拉丁字母示例
(a) 斜体;(b) 直体

(a)

(b)

图 1-19 阿拉伯数字示例
(a) 斜体;(b) 直体

图 1-20 罗马数字示例

1.2.4 图线

1.2.4.1 基本线宽和线型

根据《房屋建筑制图统一标准》(GB/T 50001—2010)中的相关规定,图样中图线宽度的尺寸系列为 0.13 mm、0.18 mm、0.25 mm、0.35 mm、0.5 mm、0.7 mm、1.0 mm、1.4 mm、2 mm,系数公比为 $1:\sqrt{2}$。每个图样,应根据其复杂程度与比例大小先选定基本线宽 b,再选用表 1-9 中相应的线宽组。注意:图线宽度不应小于 0.1 mm。

表 1-9   线宽组   (单位:mm)

线宽比	线宽组			
b	1.40	1.00	0.70	0.50
$0.7b$	1.00	0.70	0.50	0.35
$0.5b$	0.70	0.50	0.35	0.25
$0.25b$	0.35	0.25	0.18	0.13

图纸的图框线和标题栏线,可采用表 1-10 中的线宽。

表 1-10   图框线、标题栏线的线宽   (单位:mm)

幅面代号	图框线	标题栏外框线	标题栏分格线
A0、A1	b	$0.5b$	$0.25b$
A2、A3、A4	b	$0.7b$	$0.35b$

在建筑制图中,图线的线型有实线、虚线、单点长画线、双点长画线、折断线和波浪线。表 1-11 中列出了工程建筑制图中常用图线的名称、线型、线宽及主要用途。

表 1-11   工程建筑制图常用图线

名称	线型		线宽	主要用途
实线	粗	——————	b	① 一般作为主要可见轮廓线; ② 平、剖面图中被剖切的主要建筑构造(包括构配件)的轮廓线; ③ 建筑立面图或室内立面图的外轮廓线; ④ 建筑构造详图中被剖切的主要部分的轮廓线; ⑤ 建筑构配件详图中的外轮廓线; ⑥ 平、立、剖面的剖切符号

续表

名称		线型	线宽	主要用途
实线	中粗		$0.7b$	① 平、剖面图中被剖切的次要建筑构造（包括构配件）的轮廓线； ② 建筑平、立、剖面图中建筑构配件的轮廓线； ③ 建筑构造详图及建筑构配件详图的一般轮廓线
	中		$0.5b$	平、剖面图中没有剖切到，但可看到部分的轮廓线
	细		$0.25b$	① 图例线、索引符号、尺寸线、尺寸界线、引出线、标高符号； ② 图例填充线、家具线、纹样线
虚线	粗		b	平面图中的排水管道
	中粗		$0.7b$	① 建筑构造详图中建筑构配件不可见的轮廓线； ② 平面图中的梁式起重机（吊车）轮廓线； ③ 拟建、扩建建筑物轮廓线
	中	≈1 3~6	$0.5b$	一般不可见轮廓线
	细		$0.25b$	① 总平面图中原有建筑物和道路、桥涵、围墙等设施的不可见轮廓线； ② 图例填充线、家具线
单点长画线	粗	3~5 10~30	b	起重机（吊车）轨道线
	细		$0.25b$	中心线、对称线、定位轴线、轴线
双点长画线	粗		b	预应力钢筋线
	细	≈5 10~30	$0.25b$	假想轮廓线、成形前原始轮廓线
折断线	细		$0.25b$	部分省略表示时的断开界线
波浪线	细		$0.25b$	部分省略表示时的断开界线，曲线形构件断开界线，构造层次的断开界线

注：地坪线线宽可用 $1.4b$。

1.2.4.2 画线时应注意的问题

如图 1-21(a)所示，画线时应该注意的问题有：

① 同一张图纸内，相同比例的各图样应选用相同的线宽组。

② 相互平行的图例线,其净间隙或线中间隙不宜小于 0.2 mm。

③ 虚线、单点长画线或双点长画线的线段长度和间隔宜各自相等。单点长画线或双点长画线中的点不是圆点,而是长约 1 mm 的短画。

④ 对于单点长画线或双点长画线,当在较小图形中绘制有困难时,可用实线代替。

⑤ 单点长画线或双点长画线的两端不应是点。点画线与点画线交接或点画线与其他图线交接时,应是线段交接。

⑥ 虚线与虚线交接或虚线与其他图线交接时,应是线段交接。虚线为粗实线的延长线时,粗实线应画到分界点,虚线应留有空隙。当虚线圆弧与虚线直线相切时,虚线圆弧的线段应画至切点,虚线直线则留有空隙。

⑦ 粗实线与虚线或单点长画线重叠时,应画粗实线。虚线与单点长画线重叠时,应画虚线。

1.2.4.3　图线的画法示例

图线的画法示例如图 1-21 所示。

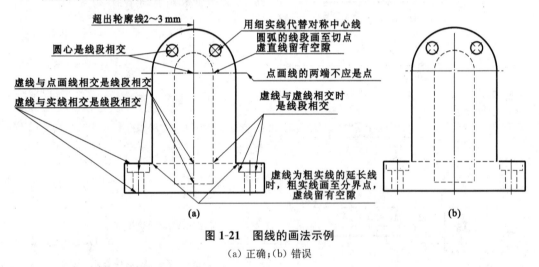

图 1-21　图线的画法示例

(a) 正确;(b) 错误

1.2.5　尺寸标注的基本规则

工程图样中,除了按比例画出建筑物或构筑物的形状外,还必须正确、齐全和清晰地标注尺寸,以便确定建筑物的大小,作为施工的依据。

1.2.5.1　尺寸的组成

一个完整的尺寸应包括尺寸界线、尺寸线、尺寸的起止符号和尺寸数字,如图 1-22(a)所示。

① 尺寸界线:表示尺寸的范围,如图 1-22(a)所示。

尺寸界线应用细实线绘制,一般应与被标注长度(即被标注的线段)垂直。其一端离开图形轮廓线不应小于 2 mm,另一端宜超出尺寸线 2~3 mm。图样本身的轮廓线、轴线、对称线和中心线都可用作尺寸界线。

② 尺寸线:应用细实线绘制,一般应与被标注长度平行。图样本身的任何图线及其

延长线均不得用作尺寸线,因此图 1-22(a)是正确的,图 1-22(b)是错误的。

③ 尺寸起止符号:一般用中粗(0.7b)斜短线绘制,其倾斜方向应与尺寸界线成顺时针 45°角,长度宜为 2~3 mm,如图 1-22(a)所示。半径、直径、角度与弧长的尺寸起止符号用箭头表示,如图 1-23(a)所示。箭头的画法如图 1-23(b)所示。

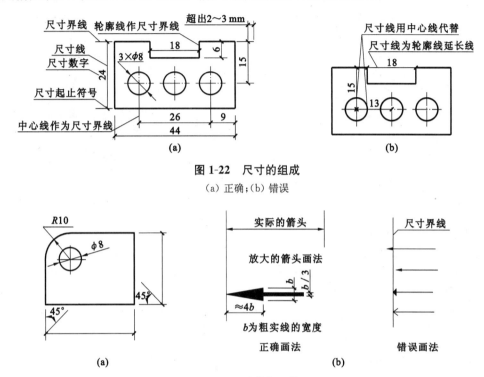

图 1-22 尺寸的组成

(a) 正确;(b) 错误

图 1-23 尺寸的起止符号

(a) 用斜线表示;(b) 用箭头表示

④ 尺寸数字:图样上的尺寸应以尺寸数字为准,不得从图上直接量取。图样上的尺寸单位,除标高及总平面图以 m 为单位外,其他必须以 mm 为单位,图上的尺寸都不得再注写单位。尺寸数字应按标准字体书写,同一图样内应采用同一高度的数字。

任何图线或符号都不得穿过数字;当不可避免时,必须把图线或符号断开。如图 1-24(c)所示,在断面图中写数字处,应留空不画图例线。

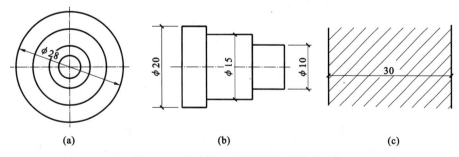

图 1-24 尺寸数字不能被任何图线穿过

(a) 轮廓线断开;(b) 轴线断开;(c) 图例线断开

尺寸数字一般应依据其方向注写在尺寸线的上方中部。当尺寸线处于水平位置时，尺寸数字在尺寸线上方，字头朝上；处于垂直位置时，尺寸数字在尺寸线左边，字头朝左；处于倾斜位置时，要使字头有朝上的趋势，如图 1-25(a)所示，应尽量避免在该图中 30°影线范围内标注尺寸，无法避免时可按图 1-25(b)所示方式书写。

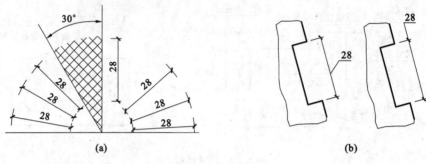

图 1-25　尺寸数字的方向

1.2.5.2　各类尺寸的标注

(1) 线性尺寸的标注

① 尺寸数字宜标注在图样轮廓线以外，如图 1-26(a)所示。

② 图样轮廓线以外的尺寸线，距图样最外轮廓线的距离，不宜小于 10 mm。平行排列尺寸线的间距宜为 7～10 mm，并应保持一致，如图 1-26(a)所示。

③ 互相平行的尺寸线，应依被注写的图样轮廓线由近向远整齐排列，较小尺寸应离轮廓线较近，较大尺寸应离轮廓线较远，如图 1-26(a)所示。

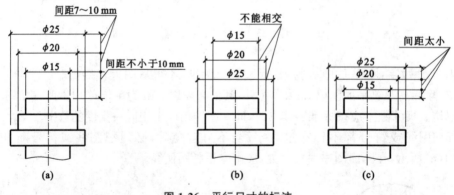

图 1-26　平行尺寸的标注
(a) 正确；(b)，(c) 错误

④ 对称构件的图形画出一半时，尺寸线应略超过对称中心线或对称轴线，仅在超过一半的尺寸线与尺寸界线相交的一端画尺寸起止符号，尺寸数字应按整体全尺寸注写，其注写位置宜与对称符号对齐，如图 1-27(a)所示。

⑤ 若尺寸线间的距离较小，没有足够的注写位置，则最外边的尺寸数字可注写在尺寸界线的外侧，但不能使尺寸线超出最外边的尺寸界线，中间相邻的尺寸数字可上下错开注写，引出线端部可用圆点表示标注尺寸的位置，如图 1-28 所示。

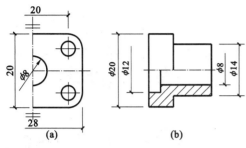

图 1-27　对称尺寸的标注

图 1-28　尺寸界线间距离较小时的尺寸标注

（2）直径、半径及球径的标注

① 直径的标注。

标注圆或圆心角大于180°圆弧的直径时，尺寸数字前加注直径符号 ϕ，标注直径的尺寸线要通过圆心。若为大直径，则过圆心尺寸线的两端箭头应从圆内指向圆周，如图 1-29（a）所示；若直径较小，绘制点画线有困难时，则可以按图 1-29（b）所示形式标注，其中心线可用细实线代替点画线。

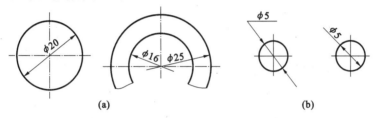

图 1-29　直径的标注

（a）较大直径的标注；（b）较小直径的标注

② 半径的标注。

标注圆心角小于或等于180°圆弧的半径时，尺寸线自圆心引向圆弧，只画一个箭头，尺寸数字前加注半径符号 R，如图 1-30（a）所示。半径很小圆弧的尺寸线可将箭头从圆外指向圆弧，如图 1-30（b）所示。当圆弧的半径过大或在图纸范围内无法标出圆心位置时，尺寸线可采用折线形式，如图 1-30（c）所示。若不需要标出其圆心位置，则可按图 1-30（d）所示的形式标注。

③ 球径的标注。

标注球的直径尺寸时，应在尺寸数字前加注符号 $S\phi$，如图 1-31 所示。标注球的半径尺寸时，应在尺寸数字前加注符号 SR。注写方法与圆直径、圆半径的尺寸注法相同。

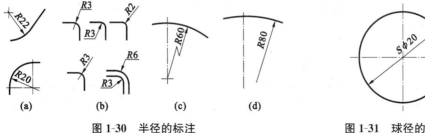

图 1-30　半径的标注

（a）一般半径标注；（b）较小半径标注；（c）、（d）大半径标注

图 1-31　球径的标注

（3）角度、弧长、弦长的标注

① 角度的标注。

角度的尺寸线应以圆弧表示。该圆弧的圆心应是该角的顶点,角的两条边为尺寸界线。起止符号应以箭头表示,如没有足够位置画箭头,可用圆点代替,角度数字应沿尺寸线方向注写,如图 1-32 所示。

② 弧长的标注。

标注圆弧的弧长时,尺寸线应以与该圆弧为同心圆的圆弧线表示,尺寸界线应垂直于该圆弧的弦,起止符号用箭头表示,弧长数字上方应加注圆弧符号"⌒",如图 1-33(a)所示。

③ 弦长的标注。

标注圆弧的弦长时,尺寸线应以平行于该弦的直线表示,尺寸界线应垂直于该弦,起止符号用中粗斜短线表示,如图 1-33(b)所示。

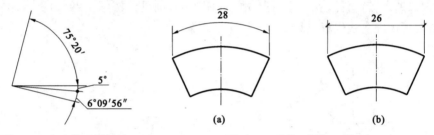

图 1-32　角度的尺寸标注

图 1-33　弧长、弦长尺寸标注
(a) 弧长标注;(b) 弦长标注

（4）坡度的标注

坡度表示一条直线或一个平面对某水平面的倾斜程度。坡度是斜直线上任意两点之间的高度差与两点间水平距离之比。

如图 1-34(a)所示,直角三角形 ABC 中, AB 的坡度 $=BC/AC$。若设 $BC=1$, $AC=3$,则其坡度为 1/3,标注为 1：3。

标注坡度时,应加注坡度符号"◄——"。该符号为单面箭头,箭头应指向下坡方向,如图 1-34(b)所示。坡度也可用直角三角形形式标注,如图 1-34(c)所示。

当坡度较缓时,坡度也可用百分数表示,如 $i=n\%(n/100)$,如图 1-34(d)所示。

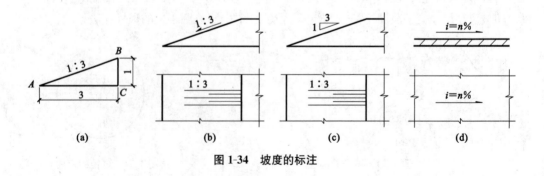

图 1-34　坡度的标注

1.3 几何作图

技术图样中的图形多种多样,但它们几乎都是由直线段、圆弧和其他一些曲线所组成的。因此,在绘制图样时,常常要作一些基本的几何图形,下面就此进行简单介绍。

1.3.1 直线段和两平行线间距离的等分

1.3.1.1 等分任意直线段

如图 1-35(a)所示,将直线段 AB 七等分。

作图:

① 过点 A 任作一辅助线 AC,如图 1-35(b)所示;

② 由点 A 开始,任取长度,在 AC 上截取等长七段,找到 1~7 七个点,并连接 7B,如图 1-35(c)所示;

③ 分别过 1~6 点作 7B 的平行线,交 AB 于六个点,完成 AB 七等分,如图 1-35(d)所示。

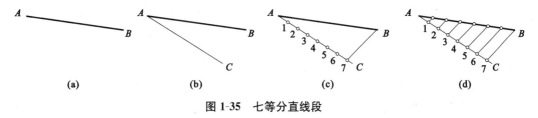

图 1-35 七等分直线段

1.3.1.2 等分两平行线之间的距离

如图 1-36(a)所示,将 AB、CD 两平行线之间的距离五等分。

作图:

① 如图 1-36(b)所示,先将刻度尺数值为 0 的点置于 AB 上的任意一点 K,再将刻度尺绕点 K 顺时针旋转至刻度尺上 5 的 n 倍数点(图中 $n=2$,即点 10)与 CD 重合。

② 以 n 为单位沿刻度尺定出 2、4、6、8 点,如图 1-36(c)所示。

③ 分别过 2、4、6、8 点作 AB、CD 的平行线,完成五等分 AB、CD 两平行线之间的距离,如图 1-36(d)所示。

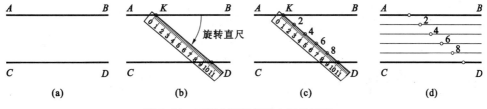

图 1-36 五等分两平行线之间的距离

1.3.2 内接正多边形

画正多边形时,通常先作出其外接圆,然后等分圆周,最后依次连接各等分点。

1.3.2.1 正六边形

(1) 圆规法

以正六边形对角线 AB 的长度为直径作出外接圆;根据正六边形边长与外接圆半径相等的特性,用外接圆的半径等分圆周得六个等分点,连接各等分点即得正六边形,如图 1-37(a)所示。

(2) 三角板法

作出外接圆后,可利用 60°三角板与丁字尺配合画出正六边形,如图 1-37(b)所示。

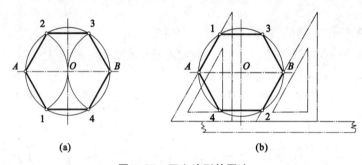

(a)   (b)

图 1-37 正六边形的画法

(a) 圆规法;(b) 三角板法

1.3.2.2 正 n 边形

如图 1-38 所示,n 等分铅垂直径 CD(图中 $n=7$)。以 D 为圆心、DC 为半径画弧交水平中心线于点 E、F,将点 E、F 与直径 CD 上的奇数分点(或偶数分点)相连并延长,与圆周相交得各等分点,顺序连线即得圆内接正 n 边形。

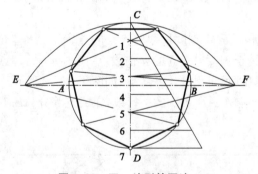

图 1-38 正 n 边形的画法

1.3.3 椭圆的画法

已知椭圆的长、短轴或共轭直径均可以画出椭圆,下面分别介绍。

1.3.3.1　已知长短轴画椭圆

（1）用同心圆法画椭圆

作图（图1-39）：

① 画出长、短轴 AB、CD，以 O 为圆心，分别以 AB、CD 为直径画两个同心圆，见图1-39（a）。

② 如图1-39（b）所示，等分大、小两圆周为12等份（也可以是其他若干等份）。由大圆各等分点（E、F 等点）作竖直线，与由小圆各对应等分点（E_1、F_1 等点）所作的水平线相交，得椭圆上各点（E_0、F_0、G_0 等点）。

③ 用曲线板依次光滑地连接 A、E_0、F_0 各点，即得所求的椭圆，如图1-39（c）所示。

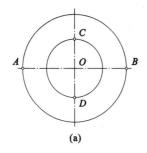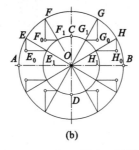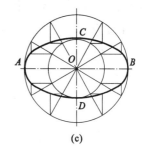

图1-39　用同心圆法画椭圆

（2）用四心圆法画椭圆（椭圆的近似画法）

作图（图1-40）：

① 画出长、短轴 AB、CD，以 O 为圆心、OA 为半径画弧，交短轴的延长线于点 K，连 AC；再以 C 为圆心、CK 为半径画弧交 AC 于点 P，如图1-40（a）所示。

② 作 AP 的中垂线，交长、短轴于点 O_3、O_1，如图1-40（b）所示。

③ 取 $OO_2 = OO_1$、$OO_4 = OO_3$，得 O_2、O_4 点，如图1-40（c）所示。

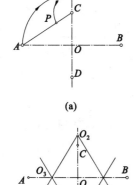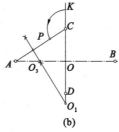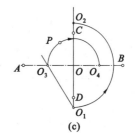

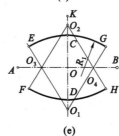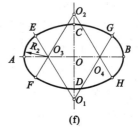

图1-40　用四心圆法画椭圆

④ 连 O_1O_3、O_1O_4、O_2O_3、O_2O_4，如图 1-40(d)所示。

⑤ 分别以 O_1 和 O_2 为圆心，O_1C 为半径画弧，与 O_1O_3、O_1O_4 和 O_2O_3、O_2O_4 的延长线交于 E、G 和 F、H 点，如图 1-40(e)所示。

⑥ 再以 O_3 和 O_4 为圆心，O_3A 为半径画弧 $\overset{\frown}{EF}$、$\overset{\frown}{GH}$，即得近似椭圆，如图 1-40(f)所示。

1.3.3.2 已知共轭直径 *MN*、*KL* 画椭圆(八点法)

① 过共轭直径的端点 M、N、K、L 作平行于共轭直径的两对平行线而得平行四边形 $EFGH$，过 E、K 两点分别作与直线 EK 成 45°角的斜线交于 R，如图 1-41(a)所示。

② 如图 1-41(b)所示，以 K 为圆心，KR 为半径作圆弧，交直线 EH 于 H_1 及 H_2，分别过 H_1 及 H_2 作直线平行于 KL，分别与平行四边形的两条对角线交于 1、2、3、4 四点，再用曲线板把 K、1、M、2、L、3、N、4 依次光滑地连成椭圆。

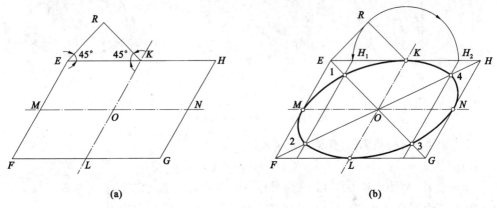

(a)　　　　　　　　　　　(b)

图 1-41　八点法画椭圆

1.3.4　圆弧连接

用已知半径的圆弧将两已知线段(直线或圆弧)光滑地连接起来，这一作图过程称为圆弧连接。圆弧与圆弧或圆弧与直线在连接处是相切的，其切点称为连接点，起连接作用的圆弧称为连接弧。画图时，为保证光滑连接，必须准确地求出连接弧的圆心和连接点的位置。

1.3.4.1　圆弧连接的作图原理

① 与已知直线 AB 相切的、半径为 R 的圆弧，如图 1-42(a)所示，其圆心的轨迹是一条与直线 AB 平行且距离为 R 的直线。从选定的圆心 O_1 向已知直线 AB 作垂线，垂足 T 为切点，即为连接点。

② 与半径为 R_1 的已知圆弧 $\overset{\frown}{AB}$ 相切的、半径为 R 的圆弧，其圆心的轨迹为已知圆弧的同心圆弧。当外切时，同心圆的半径 $R_0 = R_1 + R$，如图 1-42(b)所示；内切时，同心圆的半径 $R_0 = |R_1 - R|$，如图 1-42(c)所示。连接点为两圆弧连心线与已知圆弧的交点 T。

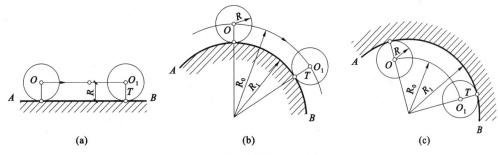

图 1-42 圆弧连接的作图原理

1.3.4.2 圆弧连接的形式

圆弧连接的形式有三种：用圆弧连接两已知直线，用圆弧连接两已知圆弧，用圆弧连接已知直线和圆弧。现分别介绍如下。

（1）用圆弧连接两已知直线

用半径为 R 的圆弧连接两直线 AB、BC，如图 1-43 所示。其作图步骤如下。

① 求连接弧圆心 O。在与 AB、BC 距离为 R 处，分别作它们的平行线 I II、III VI，其交点 O 即为连接弧圆心。

② 求连接点（切点）T_1、T_2。过圆心 O 分别作 AB、BC 的垂线，其垂足 T_1、T_2 即为连接点。

③ 画连接弧 $\overset{\frown}{T_1T_2}$。以 O 为圆心，R 为半径画连接弧 $\overset{\frown}{T_1T_2}$。

当相交两直线成直角时，也可用圆规直接求出连接点 T_1、T_2 和连接弧圆心 O，如图 1-44 所示。

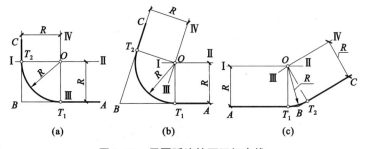

图 1-43 用圆弧连接两已知直线

（a）两直线成直角；（b）两直线成锐角；（c）两直线成钝角

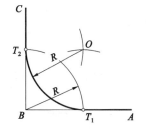

图 1-44 两直线成直角时用圆规直接作圆弧连接

（2）用圆弧连接两已知圆弧

用半径为 R 的圆弧连接半径为 R_1、R_2 的两已知圆弧如图 1-45 所示。作图步骤如下：

① 求连接弧圆心 O。分别以 O_1 和 O_2 为圆心，R_3 和 R_4 为半径画圆弧，其交点 O 即为连接弧圆心。不同情况的连接，其 R_3 和 R_4 不同。外切时，$R_3=R_1+R$，$R_4=R_2+R$，如图 1-45(a)所示；内切时，$R_3=|R-R_1|$，$R_4=|R-R_2|$，见图 1-45(b)；内、外切时，$R_3=R_1+R$，$R_4=|R-R_2|$，如图 1-45(c)所示。

② 求连接点 T_1、T_2。连接 OO_1、OO_2，与已知圆弧的交点 T_1、T_2 即为连接点。

③ 画连接弧 $\overset{\frown}{T_1T_2}$。以 O 为圆心，R 为半径画连接弧 $\overset{\frown}{T_1T_2}$。

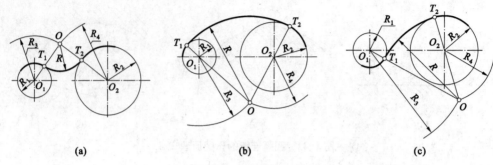

图 1-45　圆弧连接二圆弧

(a) 外切时：$R_3 = R_1 + R$，$R_4 = R_2 + R$；(b) 内切时：$R_3 = |R - R_1|$，$R_4 = |R - R_2|$；

(c) 内、外切时：$R_3 = R_1 + R$，$R_4 = |R - R_2|$

（3）用圆弧连接一直线与一圆弧

用半径为 R 的圆弧连接一已知直线 AB 与半径为 R_1 的已知圆弧 O_1，如图 1-46 所示。作图步骤如下：

① 求连接弧圆心 O。在距离 AB 为 R 处作 AB 的平行线 I II；再以 O_1 为圆心、R_2 为半径画圆弧，与直线 I II 的交点 O 即为连接弧圆心。外切时，$R_2 = R_1 + R$，如图 1-46(a) 所示；内切时，$R_2 = |R - R_1|$，如图 1-46(b) 所示。

② 求连接点 T_1、T_2。过点 O 作 AB 的垂线得垂足 T_1；连 OO_1，与已知圆弧交于点 T_2。T_1、T_2 即为连接点。

③ 画连接弧 $\overset{\frown}{T_1 T_2}$。以 O 为圆心、R 为半径画连接弧 $\overset{\frown}{T_1 T_2}$。

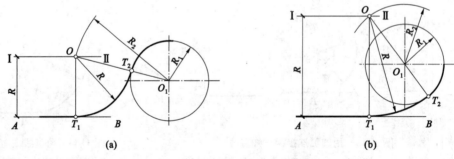

图 1-46　圆弧连接一直线和一圆弧

1.4　平面图形的分析与作图步骤

平面图形的分析包括尺寸分析和线段分析。分析图形的主要目的是从尺寸中弄清楚图形中线段之间的关系，从而确定正确的作图步骤。

1.4.1　平面图形的尺寸分析和线段分析

1.4.1.1　平面图形的尺寸分析

平面图形的尺寸按其作用分为定形尺寸和定位尺寸两类。

（1）定形尺寸

确定图中线段长短、圆弧半径大小、角度大小等的尺寸称为定形尺寸。如图 1-47(a)中的"$R78$"、图形底部的"$R13$"是确定圆弧大小的尺寸，"60"和"64"是确定扶手上下方向和左右方向的大小尺寸，这些尺寸都属于定形尺寸。

（2）定位尺寸

确定图中各部分(线段或图形)之间相对位置的尺寸称为定位尺寸。平面图形的定位尺寸有左右和上下两个方向。每一个方向的尺寸都需要有一个标注尺寸的起点。标注定位尺寸的起点称为尺寸基准。在平面图形中，通常以图形的对称线、回转体的轴线、物体的底面边线或主要端面边线等为定位尺寸的基准。图 1-47(a)中是把对称线作为左右方向的尺寸基准，扶手的底边作为上下方向的尺寸基准。有时同一方向的尺寸基准不止一个，还可能同一尺寸既是定形尺寸又是定位尺寸，如图 1-47(a)中的尺寸"80"既是扶手的定形尺寸，又是左右侧两外凸圆弧的定位尺寸。

1.4.1.2　平面图形的线段分析

按图上所给尺寸齐全与否，图中线段可分为已知线段、中间线段和连接线段三类。

（1）已知线段

具备齐全的定形尺寸和定位尺寸，不需依靠其他线段就能直接画出的线段称为已知线段。对圆弧而言，就是它既有定形尺寸(半径或直径)，又有圆心的两个定位尺寸，如图 1-47(a)所示扶手断面中的大圆弧"$R78$"和扶手下端的左右两圆弧"$R13$"的半径均为已知，同时它们的圆心位置又能被确定，所以该两圆弧都是已知线段。对直线而言，就是要知道直线的两个端点，如图 1-47(a)中的底边(尺寸"64")是已知线段。

（2）中间线段

定形尺寸已确定，而圆心的两个定位尺寸中缺少一个，需要依靠与其一端相切的已知线段才能确定它的圆心位置的线段称为中间线段。如图 1-47(a)所示的半径为 13 mm 左右外凸的圆弧具有定形尺寸"$R13$"，但对于"$R13$"圆弧的圆心，只知道左右方向的一个定位尺寸"80"(因"80"两端的尺寸界线与"$R13$"的圆弧相切，所以由"80/2－13"作出与"$R13$"圆弧的切线平行的直线后就等于知道了圆心左右方向的一个尺寸)，还要依靠与"$R13$"圆弧相切的已知线段("$R78$")才能完全确定圆心的位置，所以该"$R13$"圆弧是中间线段。

（3）连接线段

定形尺寸已定，而圆心的两个定位尺寸都没有确定，需要依靠其两端相切或一端相切、另一端相接的线段才能确定圆心位置的线段称为连接线段，如图 1-47(a)中与两个"$R13$"相切的"$R13$"圆弧。

1.4.1.3 作图步骤

画圆弧连接的图形时,必须先分析出其已知线段、中间线段和连接线段,再依次作出这些线段,顺次连接起来。如图 1-47(a)所示扶手断面图已经做了图形的线段分析,下面就其作图步骤说明如下。

① 画基准线和已知线段。作左右方向的基准即图形的对称线,作上下方向的基准,即尺寸为"64"的底边。画已知线段如"R78""R13""5""60""80"等,如图 1-47(b)所示。

② 画中间线段。根据定位尺寸"80"和外凸圆弧的半径"R13",作出与该圆弧切线间距为 13 mm 的平行线,再作半径为 78－13＝65(mm)、与"R78"同心的圆弧,此圆弧与该平行线的交点即中间圆弧的圆心,如图 1-47(c)所示。

③ 画连接线段。以中间圆弧的圆心为圆心,以该圆弧的半径加连接圆弧的半径为半径作弧,以扶手下方"R13"的圆弧圆心为圆心,以 13＋13＝26(mm)为半径作圆弧,两圆弧的交点即连接圆弧的圆心。作各有关的圆心连线找出切点后,光滑地连接各圆弧完成全图,如图 1-47(d)所示。

④ 描深粗实线,标注尺寸,完成全图,如图 1-47(a)所示。

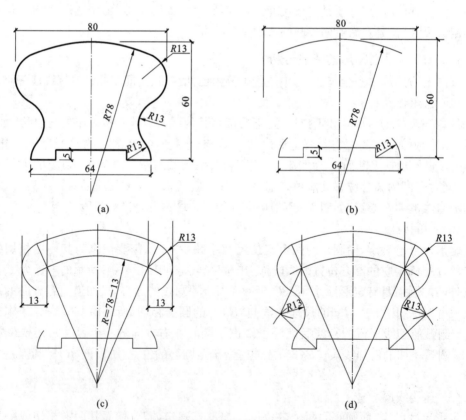

图 1-47 平面图形的尺寸分析、线段分析及连接作图
(a) 扶手断面;(b) 画基准线和已知线段;(c) 画中间线段;(d) 画连接线段

1.4.2 绘图的一般方法和步骤

为了提高绘图的质量与速度,除了掌握常规绘图工具和仪器的使用方法外,还必须掌握各种绘图方法和步骤。为了满足图样的不同需求,常用的绘图方法有尺规绘图、徒手绘图和计算机绘图。下面,我们主要介绍尺规绘图和徒手绘图的方法和步骤。

1.4.2.1 尺规绘图

使用绘图工具和仪器画出的图样称为工作图。工作图对图线、图面质量等方面的要求较高,所以画图前应做好准备工作后再动手画图。画图又分为画图形底稿和加深图线(或上墨)两个步骤。

用尺规绘制图样时,一般可按下列步骤进行。

(1)准备工作

① 准备绘图工具和仪器。

将铅笔和圆规的铅芯按照绘制不同线型的需要削、磨好;调整好圆规两脚的长短;图板、丁字尺和三角板等用干净的布或软纸擦拭干净;工作地点选择在使光线从图板的左前方射入的地方,将需要的工具放在方便之处,以便顺利地进行制图工作。

② 选择图纸幅面。

根据所绘图形的大小、比例及所确定图形的多少、分布情况选取合适的图纸幅面。注意,选取时必须遵守表 1-1 和图 1-13、图 1-14 的规定。

③ 固定图纸。

丁字尺尺头紧靠图板左边,图纸按尺身摆正后用胶带固定在图板上。注意使图纸下边与图板下边间保留 1~2 个丁字尺尺身宽度的距离,以方便放置丁字尺和绘制图框与标题栏。绘制较小幅面图样时,图纸尽量靠左固定,以充分利用丁字尺根部,保证作图准确度较高。

(2)画底稿

画底稿时,所有图线均应使用细线,即用较硬的 H 或 2H 铅笔轻轻地画出。画线要尽量细和轻淡,以便擦除和修改,但要清晰。

① 画图框及标题栏。

按表 1-1 及图 1-13~图 1-15 的要求用细线画出图框及标题栏,可暂不将粗实线描黑,留待与图形中的粗实线一次同时描黑。

② 布图。

布置图形时应力求匀称、美观。根据图形的大小和标注尺寸的位置等因素进行布图。图形在图纸上要分布均匀,不可偏向一边,相互之间既不可紧靠,又不能相距甚远。确定位置后,再按设想好的布图方案画出各图形长、宽、高三个方向的基准线,如中心线、对称线、底面边线、端面边线等。

③ 画图形。

先画物体主要平面(如形体底面、端面)的线,然后画各图形的主要轮廓线,再绘制细节,如小孔、槽和圆角等,最后画其他符号、尺寸线、尺寸界线、尺寸数字横线和长仿宋体字的格子等。

绘制底稿时要按图形尺寸准确绘制,尽量利用投影关系,几个有关图形可同时绘制,以提高绘图速度。

（3）加深

用铅笔加深图线时,用力要均匀,使图线均匀地分布在底稿线的两侧。用铅笔加深图形的一般顺序为:先粗后细,先圆后直,先左后右,先上后下。

（4）完成其余内容

画符号和箭头,标注尺寸,写注解,描深图框及填写标题栏等。

（5）检查

全面检查,如有错误,立即更正,并作必要的修饰。

（6）上墨

上墨的图样一般用描图纸,其步骤与用铅笔加深的步骤相同。

1.4.2.2 徒手绘图

徒手绘图是指不用绘图工具而按目测比例徒手画出的图样,所得图样称为徒手图,也称草图。工程技术人员设计建筑物时,常用草图来表达设计意图,以便于进一步研究和修改。参观现场时,也常用草图记录现场的情况。所以,对于每位工程技术人员,具备徒手绘制草图的能力是非常重要的。

对徒手绘图的要求是:投影正确,线型分明,字体工整,图面整洁,图形及尺寸标注无误。要画好徒手图,必须掌握徒手画各种图形的手法。

（1）直线的画法

画直线时,手腕不宜紧贴纸面,沿着画线方向移动,眼睛看着终点,使图线基本平直。为了控制图形的大小比例,可利用方格纸画草图。

画水平线时,图纸倾斜放置,从左至右画出,如图1-48(a)所示。画垂直线时,应自上而下画出,如图1-48(b)所示。画倾斜线时,应从左下角至右上角画出,或从左上角至右下角画出,如图1-48(c)所示。

画30°、45°、60°的倾斜线时,可利用直角三角形直角边的比例关系近似确定两端点,然后连接而成,如图1-49所示。

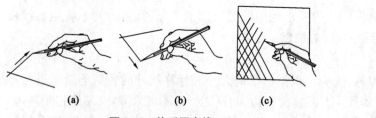

(a)   (b)   (c)

图1-48　徒手画直线   **图1-49　角度的徒手画法**

(a) 画水平线;(b) 画垂直线;(c) 画倾斜线

（2）圆和椭圆的画法

画直径较小的圆时,先画中心线定圆心,并在两条中心线上按半径大小取四点,然后过四点画圆,如图1-50(a)所示。

画直径较大的圆时,先画圆的中心线及外切正方形,连对角线,按圆的半径在对角线上截取四点,然后过这些点画圆,如图1-50(b)所示。

当圆的直径很大时,可用图1-51(a)所示的方法,取一纸片标出半径长度,利用它从圆心出发定出圆周上的许多点,然后通过这些点画圆。或者如图1-51(b)所示,以手为圆规,以小手指的指尖或关节为圆心,使铅笔与它的距离等于所需的半径,用另一只手小心地慢慢转动图纸,即可得到所需的圆。

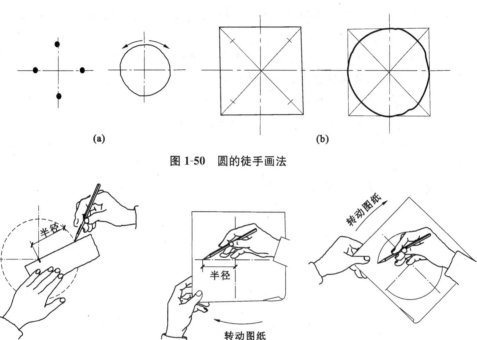

(a)   (b)

图1-50 圆的徒手画法

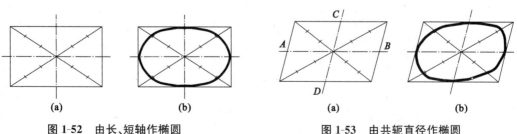

(a)   (b)

图1-51 画大圆的方法

画椭圆时,可利用长、短轴作椭圆,先在互相垂直的中心线上定出长、短轴的端点,过各端点作一矩形,并画出其对角线。按目测把对角线分为六等份,如图1-52(a)所示。用光滑曲线连长、短轴的各端点和对角线上接近四个角顶的等分点(稍外一点),如图1-52(b)所示。

由共轭直径作椭圆的方法如图1-53(a)所示。AB、CD为共轭直径,过共轭直径的端点作平行四边形并作出其对角线,按目测把对角线分为六等份,用光滑曲线连共轭直径的端点 A、B、C、D 和对角线上接近四个角顶的等分点(稍外一点),如图1-53(b)所示。

图1-52 由长、短轴作椭圆   图1-53 由共轭直径作椭圆

【复习思考题】

1-1　图纸幅面的代号有哪几种？其尺寸分别有什么规定？不同幅面代号的图纸之间有什么关系？

1-2　什么是比例？图样上标注的尺寸与画图比例有何关系？

1-3　工程图样对字体有哪些要求？长仿宋体的特点是什么？字体的号数说明什么？

1-4　建筑图样中的图线宽度分几种？粗实线、中虚线、点画线和细实线的线宽各是多少？其主要用途是什么？

1-5　一个完整的尺寸由哪些要素组成？各有哪些基本规定？

1-6　已知平面上非圆曲线上的一系列点,怎样用曲线板将它们连成光滑曲线？

1-7　叙述按长短轴用同心圆法作椭圆、按长短轴用四心圆法作近似椭圆的作图过程。

1-8　什么是圆弧连接？圆弧与圆弧连接时,其连接点应在什么地方？作图方法有哪些规律？

1-9　平面图形线段分析的根据和目的是什么？

2 投影法的基本知识

2.1 投影法概述

2.1.1 投影的概念

我们在日常生活中，常看到物体呈现影子的现象。如在晚上，将一个四棱台放在灯和地面之间，这个四棱台便在地面上投下影子。影子是漆黑一片的，它只能反映四棱台底面的轮廓（外形轮廓），而不能反映四棱台的顶面和四个棱面的轮廓，如图 2-1(a) 所示。由此可知，影子只能反映物体的外形轮廓，而不能反映物体的形状。要想把物体的形状表达清晰，就需要对这种自然的射影现象进行适当的改造，即假想光线能透过物体，将物体上的所有轮廓线（如四棱台的顶面和四个棱面的轮廓线）都反映在落影的平面上，这样的"影子"就能反映物体的形状。我们把这种经过改造的影子称为投影，如图 2-1(b) 所示。投影的方法是：假定空间点 S 为光源，点 S 称为投影中心，影子所投落的平面称为投影面 H，经过四棱台的点（如 A、B 等）的光线称为投影线（如 SA、SB 等），投影线与投影面 H 的交点（如 a、b 等）称为某点在该投影面上的投影。把相应各顶点的投影连接起来，即得四棱台在该投影面上的投影。投影线、被投影的物体和投影面就是进行投影必须具备的三个条件。

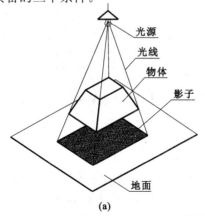

(a)

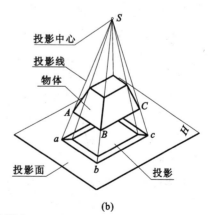

(b)

图 2-1 中心投影法

(a) 影子；(b) 投影

2.1.2　投影法的分类

投影法可分为中心投影法和平行投影法两大类。

（1）中心投影法

当投影中心距投影面有限远时，所有的投影线都会交于投影中心 S，这种投影方法称为中心投影法，如图 2-1(b) 所示，用这种方法所得的投影称为中心投影。

（2）平行投影法

当投影中心距投影面无限远时，所有的投影线均可视为互相平行，这种投影方法称为平行投影法，如图 2-2 所示。用这种方法所得的投影称为平行投影。

根据投影线对投影面倾角的不同，平行投影法又可分为斜投影法和正投影法两种。

① 斜投影法。

当投影线倾斜于投影面时，称为斜投影法，所得的平行投影称为斜投影，如图 2-2(a) 所示。

② 正投影法。

当投影线垂直于投影面时，称为正投影法，所得的平行投影称为正投影，如图 2-2(b) 所示。

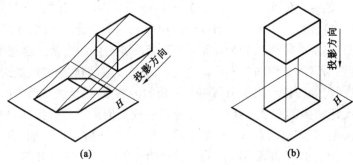

图 2-2　平行投影法
(a) 斜投影法；(b) 正投影法

2.1.3　正投影的基本特性

正投影以平行投影法为作图依据，本节仅介绍平行投影法的实形性、积聚性、类似性和平行性，其余特性将在第 3 章中介绍。

（1）实形性

实形性也称全等性。当直线段平行于投影面时，其投影反映该线段的实长。当平面图形平行于投影面时，其投影反映该平面图形的实形。如图 2-3 所示，因为 $DE /\!/ H$ 面，所以 $de = DE$。因为 $\triangle ABC /\!/ H$ 面，所以 $\triangle abc \cong \triangle ABC$。这种投影特性称为实形性。

（2）积聚性

当直线垂直于投影面时，其投影积聚为一点；当平面垂直于投影面时，其投影积聚为一直线段。如图 2-4 所示，因直线 $DE \perp H$ 面，所以 DE 在 H 面上的投影积聚为一点 $d(e)$。因 $\triangle ABC \perp H$ 面，故 $\triangle ABC$ 在 H 面上的投影积聚为一直线 abc。这种投影特性称为积聚性。

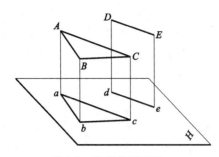

图 2-3 投影的实形性

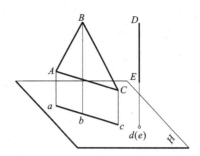

图 2-4 投影的积聚性

（3）类似性

如图 2-5 所示，平面 $ABCD$ 对投影面 H 既不平行也不垂直，而是倾斜的，这时它在该投影面上的投影既无实形性也无积聚性，而是比原形小、与原形类似的图形（若原形为多边形，则其投影为边数相同的多边形。若原形中有平行边，则平行边的投影仍互相平行）。这种投影特性称为投影的类似性。

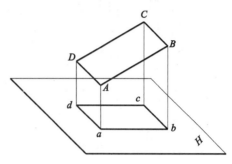

图 2-5 投影的类似性

（4）平行性

互相平行的两直线在同一投影面上的投影仍互相平行。如图 2-5 所示，平面 $ABCD$ 中的 $AB /\!/ CD$，它们在投影面 H 上的投影 $ab /\!/ cd$。这种投影特性称为平行性。

2.2 工程上常用的四种投影图

2.2.1 透视投影图

透视投影图简称透视图，它是按中心投影法绘制的单面投影图，如图 2-6 所示。透视图的优点是能体现近大远小的效果，形象逼真，具有丰富的立体感，特别适用于绘制建筑物的效果图。其缺点是度量性差，作图比较复杂。

2.2.2 轴测投影图

轴测投影图简称轴测图，它是用平行投影法画出的一种单面投影图，如图 2-7 所示。轴测图的优点是立体感强；其缺点是度量性较差，作图较麻烦。通常把它作为辅助性图样。室内给水排水系统管道图常用轴测图绘制，详见第 11 章。

2.2.3 多面正投影图

多面正投影图简称正投影图。用正投影法把物体向两个或两个以上互相垂直的投影面进行投影，然后按一定的规律将各投影面展开在一个平面上，所得的投影图称为正投影图,如图 2-8 所示。正投影图的缺点是立体感差,需要掌握一定的投影知识才能看懂。其优点是能很好地反映物体的形状和大小,度量性好,作图方便。所以,正投影图是一般工程图的主要图示方法,本书前几章的投影理论也是以正投影图为主进行介绍的。为了叙述简便,以后提到的投影,如无特别说明,均指正投影。

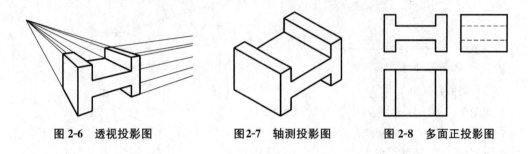

图 2-6 透视投影图   图 2-7 轴测投影图   图 2-8 多面正投影图

2.2.4 标高投影图

标高投影图是一种单面正投影图,图 2-9(a)为图 2-9(b)所示小山丘的标高投影图。假想用一组高差相等的水平面切割地面,如图 2-9(b)所示,将切得的一系列交线(等高线)投影在一个高度为 0 的水平投影面 H_0 上,并用数字标注这些等高线的标高(距高度为 0 的水平投影面的高度数值称为标高),所得的正投影图称为标高投影图,图上附有作图比例尺。这种标高称为相对标高,它常用于建筑图中。以青岛附近黄海平均海平面为零标高基准面的标高称为绝对标高,常称高程或海拔。标高投影图的缺点是立体感差,其优点是在一个投影图上能表达不同高度的地面形状,所以常用标高投影来绘制地形图。

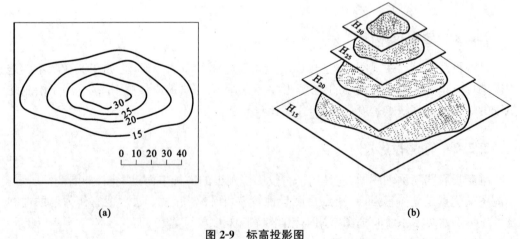

(a)   (b)

图 2-9 标高投影图

2.3 三面正投影图

2.3.1 三面正投影图的形成

如图 2-10 所示,三个不同形状的物体,它们在水平面 H 上的投影都是相同的,所以在一般情况下,只凭物体的一个投影不能确定该物体的形状和大小。

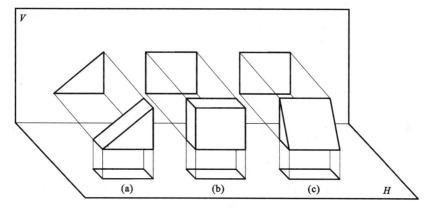

图 2-10 水平投影相同的三物体

一般来说,依据两面投影可以确定物体的形状。但如图 2-10(b)、(c)所示的两个不同形状的物体,它们在 V、H 面上的同投影面上的投影都是相同的。因此,仅根据它们在 H、V 面上的同投影面上的投影还不能确定它们的空间形状。如果增加第三个投影,这个问题就可以解决。为此,增加投影面 W,使其同时与 V、H 面垂直,这样就形成了一个三投影面体系,简称三面体系,如图 2-11(a)所示。

在该三面体系中,H 面为水平方向,称为水平投影面;V 面为正立方向,称为正立投影面;W 面为侧立方向,称为侧立投影面。H、V、W 三个投影面两两相交,它们的交线称为投影轴,分别是 OX 轴、OY 轴、OZ 轴。三个投影轴互相垂直,相交于一点 O,称为原点。为了使物体的投影反映其表面的实形,作正投影图时,尽量使物体的表面平行于相应的投影面,然后把物体分别向各投影面作正投影。如图 2-11(a)所示,使三角块(三棱柱)的底面平行于 H 面,三角块的前表面平行于 V 面,则其水平投影反映它的底面实形,正面投影反映它的前、后表面实形。如果拿开物体,根据这三个投影就能确定该物体的形状。但是三个投影分别在三个不同的投影面上。为了作图方便,需把这三个投影画在同一张图纸上(即一个平面上)。为此,必须把 H、V、W 三个投影面展开成一个平面。展开的方法是:V 面保持不动,H 面绕 OX 轴向下旋转 $90°$,W 面绕 OZ 轴向右旋转 $90°$,则 H 面和 W 面就与 V 面处于同一平面了,如图 2-11(b)所示。由于投影图与投影面的大小无关,故作图时不必画出投影面的边界。在工程图样中一般不画投影轴,但本书第 3 章主要讲述点、直线、平面的投影,为了便于画图,特保留了投影轴。

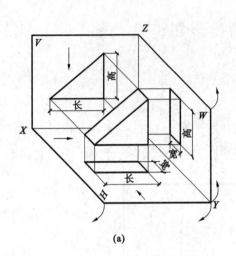
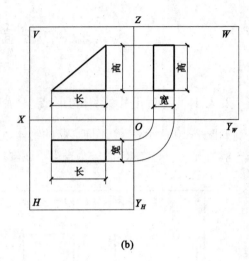

(a)　　　　　　　　　　　　　　　　　　　　(b)

图 2-11　三面投影图

2.3.2　三面正投影图的投影规律

根据图 2-11 所示的三面正投影图可知:水平投影反映物体的长和宽,正面投影反映物体的长和高,侧面投影反映物体的宽和高。由于每两个投影就能反映物体长、宽、高三个方向的尺寸,每两个投影就有一个共同的尺寸,故得三面正投影图的投影规律如下:

① 水平投影和正面投影的长度相等,左右对正,简称"长对正";
② 正面投影和侧面投影的高度相等,上下平齐,简称"高平齐";
③ 水平投影和侧面投影的宽度相等,前后对应,简称"宽相等"。

上述三面正投影图的投影规律——长对正、高平齐、宽相等,一般称为三面投影的"三等规律"。"三等规律"是画图和读图必须遵守的规律,应很好掌握。

2.3.3　三面正投影图的位置对应关系

三面正投影图的位置对应关系是:水平投影在正面投影的下方,侧面投影在正面投影之右。

物体的三面正投影图与物体之间的位置对应关系如下:

① 水平投影反映物体的左、右、前、后位置;
② 正面投影反映物体的上、下、左、右位置;
③ 侧面投影反映物体的前、后、上、下位置。

应当注意:水平投影和侧面投影中远离正面投影的一面都是物体的前面。

【复习思考题】

2-1　投影与影子有什么区别?

2-2　试述中心投影法、正投影法的含义。正投影法有何优点？

2-3　三投影面体系是由哪些面组成的？这三个投影面上的投影分别称为什么投影？

2-4　三个投影面两两相交的三条交线各叫什么轴？在什么情况下保留轴线？

2-5　三面正投影图的投影规律是什么？试述它的重要性。

2-6　物体的三面正投影图与物体之间的位置对应关系是什么？

3 点、直线、平面的投影

3.1 点 的 投 影

3.1.1 点的单面投影

如图 3-1(a)所示,过空间一点 A 向投影面 H 作垂线,得垂足 a,则点 a 即为点 A 在 H 面上的正投影。由图 3-1(a)可知,空间一点 A 在 H 面上的投影 a 是唯一的。但是如图 3-1(b)所示,仅凭点 B 的水平投影 b,并不能确定该点的空间位置。

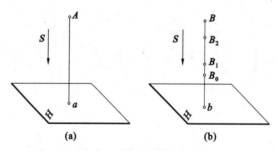

图 3-1 点的单面投影

3.1.2 点的两面投影及其投影规律

3.1.2.1 点的两面投影

要确定点的空间位置,需要有点的两面投影。为此,要建立一个两面投影体系。如图 3-2(a)所示,绘出两个相互垂直的投影面,即水平投影面 H 和正立投影面 V,它们的交线是投影轴 OX。

为了作出空间点在 H、V 两个投影面上的投影,需要过点 A 向 H 面作垂线,其垂足称为点 A 的水平投影,用 a 表示;过点 A 向 V 面作垂线,其垂足称为点 A 的正面投影,用 a' 表示(空间点用大写字母 A、B、C 等表示,水平投影用 a、b、c 等表示,正面投影用 a'、b'、c' 等表示)。现在如果移去点 A,并过水平投影 a 作 H 面的垂线 aA,过正面投影 a' 作 V 面的垂线 $a'A$,则这两条垂线必交于点 A。因此,根据空间一点的两面投影可以唯一地确定该空间点的位置。

如图3-2(a)所示,点 A 的两个投影 a 和 a' 分别在两个不同的平面内。但画投影图时,要把两个投影画在同一平面内,因此需把空间的两个投影面展开成一个平面。其方法如图3-2(b)所示,即 V 面保持不动,H 面绕 OX 轴向下旋转 $90°$,使 H 面与 V 面重合。由此可得到点 A 的两个投影 a 和 a',如图3-2(c)所示。

投影面的范围大小与投影作图无关。画投影图时,一般不画投影图的边界,只画出投影轴 OX,在投影图中也不标记 H、V,如图3-2(d)所示。

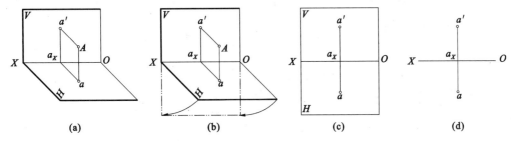

图 3-2　点的两面投影及其投影规律

3.1.2.2　点的两面投影规律

如图3-2(a)所示,由于投影线 Aa 和 Aa' 构成的平面 Aaa_Xa' 同时垂直于 H 面和 V 面,因此该平面必垂直于 OX 轴,因而在平面 Aaa_Xa' 内过 a_X 的直线 aa_X 和 $a'a_X$ 垂直于 OX 轴,即 $aa_X \perp OX$,$a'a_X \perp OX$。当 a 随 H 面绕 OX 轴旋转展开至与 V 面重合后,aa_X 仍垂直于 OX 轴,即 $aa' \perp OX$,如图3-2(c)、(d)所示。

在图3-2(a)中,矩形平面 Aaa_Xa' 的对边相等,$a'a_X = Aa$(即 A 到 H 面的距离),$a_Xa = Aa'$(即 A 到 V 面的距离)。

综上所述,点的两面投影规律可归结为:

① 点的水平投影与正面投影的连线垂直于 OX 轴,即 $aa' \perp OX$。

② 点的水平投影到 OX 轴的距离等于该点到 V 面的距离,即 $aa_X = Aa'$;点的正面投影到 OX 轴的距离等于该点到 H 面的距离,即 $a'a_X = Aa$。

3.1.3　点的三面投影及其投影规律

3.1.3.1　点的三面投影

在两面投影体系的基础上,增加一个与 H 面和 V 面都垂直的 W 面,从而构成了三投影面体系,如图3-3(a)所示。其中,H 面和 V 面的交线为 OX 轴,H 面和 W 面的交线为 OY 轴,V 面和 W 面的交线为 OZ 轴。三投影轴互相垂直,相交于一点 O,O 称为原点。

为作出空间点 A 在 H、V、W 面上的三个投影,需要过点 A 分别向 H、V、W 面作垂线。所得的三个垂足 a、a'、a'' 即为点 A 的三个投影。其中,H 面和 V 面的投影名称、符号同前;W 面上的投影称为侧面投影,用符号 a'' 表示(侧面投影用在其右上角加两撇的小写字母表示),如图3-3(a)所示。

如图3-3(b)所示,为把三个投影 a、a'、a'' 表示在同一平面上,V 面保持不动,H 面绕 OX 轴向下旋转 $90°$,W 面绕 OZ 轴向右旋转 $90°$,于是 H 面和 W 面均与 V 面重合,即 a、

a'、a''都在同一个平面上了。应当注意,旋转后的 OY 轴有两个位置,随 H 面向下旋转的 OY 轴用 OY_H 表示,随 W 面向右旋转的 OY 轴用 OY_W 表示。旋转后即得点 A 的三面投影图,如图 3-3(c)所示。投影图中,一般不画投影面的边界。

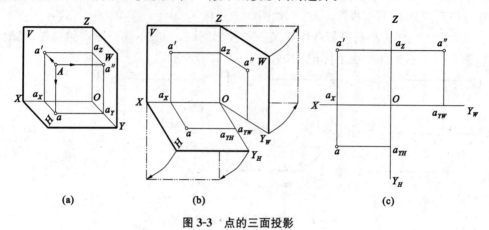

图 3-3 点的三面投影

3.1.3.2 点的三面投影规律

空间点 A 的两面投影规律中,$aa' \perp OX$,同理可得点 A 的正面投影 a' 与侧面投影 a'' 的连线垂直于 OZ 轴,即 $a'a'' \perp OZ$。

如图 3-3(a)所示,$aa_X = Aa' = a''a_Z$,所以 $a''a_Z = aa_X$。

综上所述,点 A 的三面投影规律为:

① 点的水平投影 a 和正面投影 a' 的连线垂直于 OX 轴,即 $aa' \perp OX$;

② 点的正面投影 a' 和侧面投影 a'' 的连线垂直于 OZ 轴,即 $a'a'' \perp OZ$;

③ 点的侧面投影 a'' 到 OZ 轴的距离 $a''a_Z$ 等于点的水平投影 a 到 OX 轴的距离 aa_X,即 $a''a_Z = aa_X$。这个规律常简称为点的投影规律。

从图 2-11 和图 3-3 中可以看出,点的三面投影也符合"长对正,高平齐,宽相等"的"三等规律"。这说明,在点的三面投影图中,点的任意两个投影都反映该点到三个投影面的距离,即该点的空间位置已能确定,所以只要给出点的任意两个投影,就可以求出该点的第三个投影。

【例 3-1】 如图 3-4(a)所示,已知点 A 的两面投影,求作其第三投影 a''。

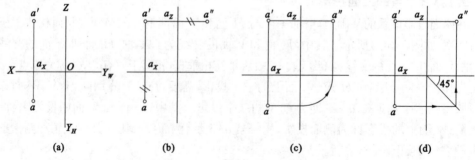

图 3-4 点的"二补三"作图

(a) 已知条件;(b) 作法(一);(c) 作法(二);(d) 作法(三)

【解】 作图［如图 3-4(b)所示］：

① 过 a' 作 OZ 轴的垂线；

② 在所作的垂线上截取 $a''a_Z = aa_X$，即得所求的点 a''。

作图中为使 $a''a_Z = aa_X$，也可用 1/4 圆弧将 aa_X 转向 $a''a_Z$，如图 3-4(c)所示；还可以作 45°辅助斜线，将 aa_X 转向 $a''a_Z$，如图 3-4(d)所示。

3.1.4 点的坐标

点的空间位置，除了可以用该点至各投影面的距离来确定外，还可以用空间直角坐标来确定。如果把图 3-5(a)所示的三投影面体系看作直角坐标系，则投影面 H、V、W 相当于坐标面，投影轴 OX、OY、OZ 相当于坐标轴 X、Y、Z，投影轴原点相当于坐标原点。

空间点的每一个坐标值，反映该点到某投影面的距离，如图 3-5(a)所示：

① $x = Oa_X = Aa''$，反映点 A 到 W 面的距离；

② $y = Oa_Y = Aa'$，反映点 A 到 V 面的距离；

③ $z = Oa_Z = Aa$，反映点 A 到 H 面的距离。

空间点的任一投影，均反映了该点的某两个坐标值，如 $a(x_A, y_A)$、$a'(x_A, z_A)$、$a''(y_A, z_A)$。

由此可知，点的每一个投影由该点的某两个坐标值确定，点的任两个投影包含了三个坐标值。因此，已知点的两个投影或点的三个坐标值，均可确定空间点的位置。

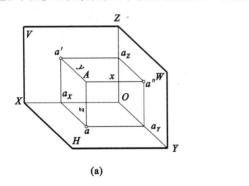

(a)

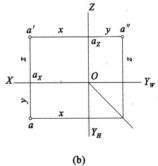

(b)

图 3-5 点的投影与坐标的关系

【例 3-2】 已知点 A 的坐标为(20，10，15)，作出点 A 的三面投影。

【解】 作图：

① 如图 3-6(a)所示，先画出 OX、OY_H、OY_W、OZ 轴，在 OX 轴上自原点 O 向左量取 20 mm 得 a_X。

② 过 a_X 作直线垂直于 OX 轴，则 a、a' 必在此垂线上；在此垂线上自 a_X 向下量取 10 mm 得 a，向上量取 15 mm 得 a'，如图 3-6(b)所示。

根据点的投影规律 $a'a'' \perp OZ$，可知 a'' 必在过 a' 所作 OZ 轴的垂线上；再根据 a 到 OX 轴的距离等于 a'' 到 OZ 轴的距离，利用通过原点 O 所作的 45°辅助斜线，即可定出 a'' 的位置，如图 3-6(c)所示。

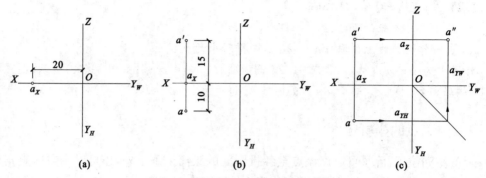

图 3-6 由已知点的坐标求作其投影

3.1.5 两点的相对位置和重影点

3.1.5.1 两点相对位置的判别和确定

空间两点的相对位置是指两点间的左、右、前、后、上、下的位置关系。空间两点的相对位置可根据两点同面投影(在同一投影面上的投影称为同面投影)的坐标关系来判别：x 坐标大的在左,小的在右;y 坐标大的在前,小的在后;z 坐标大的在上,小的在下。如图 3-7(a)所示,已知 a、a'、a''和 b、b'、b'',$x_A > x_B$ 表示点 A 在点 B 之左,$y_A > y_B$ 表示点 A 在点 B 之前,$z_A > z_B$ 表示点 A 在点 B 之上,即点 A 在点 B 的左、前、上方。若要知其确切位置,则可用两点的坐标差(即两点在三个方向上分别对相应投影面的距离差)来确定。例如,在图 3-7(a)中,点 A 在点 B 左方 $x_A - x_B$ 处,点 A 在点 B 前方 $y_A - y_B$ 处,点 A 在点 B 上方 $z_A - z_B$ 处。A、B 两点坐标已确定,则两点相对位置就完全确定了,如图 3-7(b)所示。

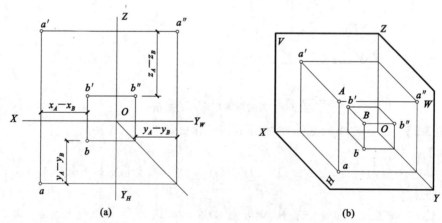

图 3-7 两点的相对位置

3.1.5.2 重影点及其可见性

位于同一投影面垂直线(即投影线)上的两点,在该投影面上的投影重合为一点,这两点称为对该投影面的重影点。如图 3-8(a)所示,A、B 两点位于 H 面的同一垂直线上,它们在 H 面上的投影重合为一点 $a(b)$。这时,称 A、B 两点为对 H 面的重影点(其

正面投影 a'、b'不重合）。同理，称 C、D 两点为对 V 面的重影点（其水平投影 c、d 不重合）。这时称点 A 位于点 B 的上方，点 C 位于点 D 的前方。

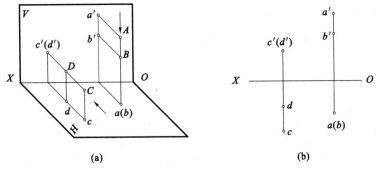

图 3-8　重影点及其可见性

当空间两点在某一投影面上的投影重合时，则必有一点遮住了另一点，这就产生了可见性的问题。如图 3-8 所示，点 A 和点 B 在 H 面上的投影重合点为 $a(b)$，以箭头方向正对 H 面观察时，由于点 A 在点 B 的正上方，$z_A > z_B$，故点 A 遮住了点 B，因此点 A 的水平投影 a 是可见的，点 B 的水平投影(b)是不可见的（点的某一投影不可见时加括号表示）。但是，A、B 两点的正面投影都是可见的。同理，$y_C > y_D$，c' 可见。显而易见，重影点的可见与不可见是根据它们不重合的同面投影来判别的，坐标值大的可见，坐标值小的不可见，即上遮下，左遮右，前遮后。

3.2　直线的投影

一直线可由直线上的两个点来确定。直线的投影一般仍为直线，只有当直线垂直于某一投影面时，它在该投影面上的投影才积聚成一点，如图 3-9(a)所示。对直线段而言，一般用该直线段两端点的同面投影来确定该线段的投影。在不强调直线段本身长度时，常把直线段称为直线。本章也常把一般直线段称为直线。若要作出如图 3-9(a)所示直线 AB 的三面投影，只要分别作出 A、B 两点的同面投影 a、b，a'、b'，a''、b''，然后将同面投影相连即可，如图 3-9(c)所示。

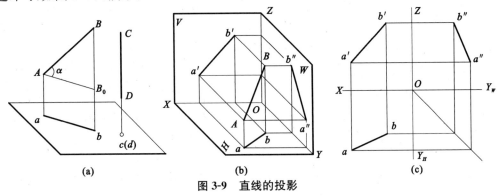

图 3-9　直线的投影

直线与某投影面间的夹角称为直线对该投影面的倾角。倾角大小等于倾斜于某投影面的直线与其所在投影面上的投影间的夹角大小,如图 3-9(a)中直线 AB 与 ab 的夹角 α 就是直线 AB 对 H 面的倾角。

3.2.1 各种位置直线的投影特性

在三投影面体系中,根据直线与投影面相对位置的不同,直线可分为投影面平行线、投影面垂直线和一般位置直线三种。前两种又称为特殊位置直线。直线对 H 面、V 面、W 面的倾角分别用 α、β、γ 来表示。

3.2.1.1 投影面平行线

只平行于一个投影面而与其他两个投影面倾斜的直线称为投影面平行线。只平行于 H 面的直线称为水平线,只平行于 V 面的直线称为正平线,只平行于 W 面的直线称为侧平线。投影面平行线的投影特性见表 3-1。

表 3-1   投影面平行线

名称	立体图	投影图	投影特性
水平线	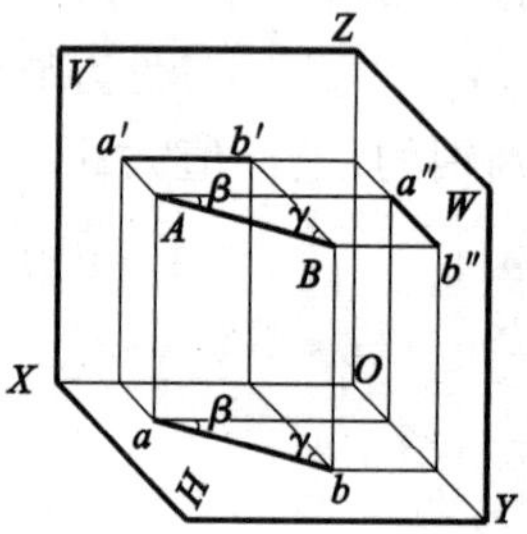	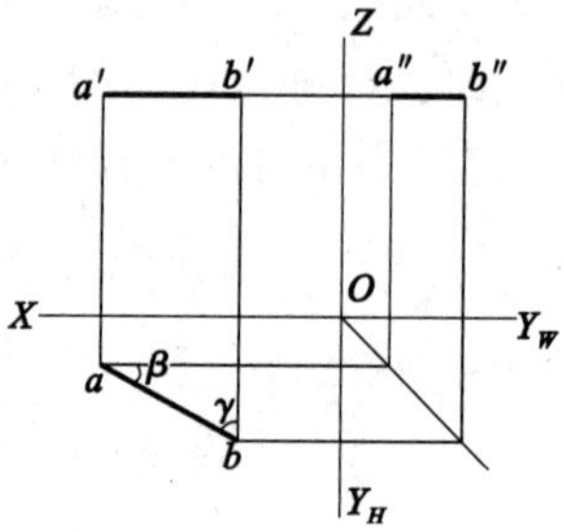	① 水平投影 ab 反映线段实长,它和 OX 轴、OY_H 轴的夹角即 β 和 γ; ② 正面投影 $a'b'\,/\!/\,OX$,侧面投影 $a''b''\,/\!/\,OY_W$
正平线	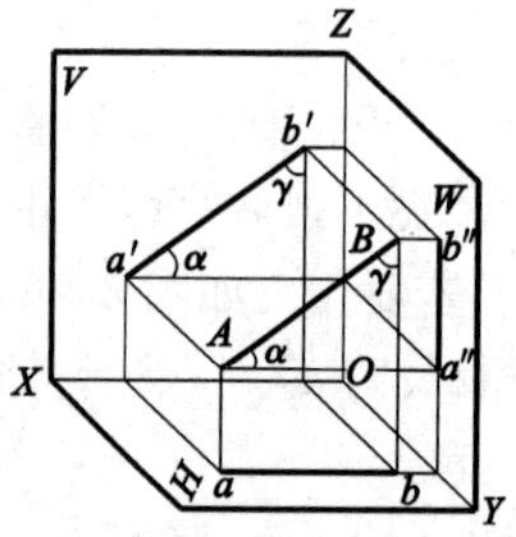	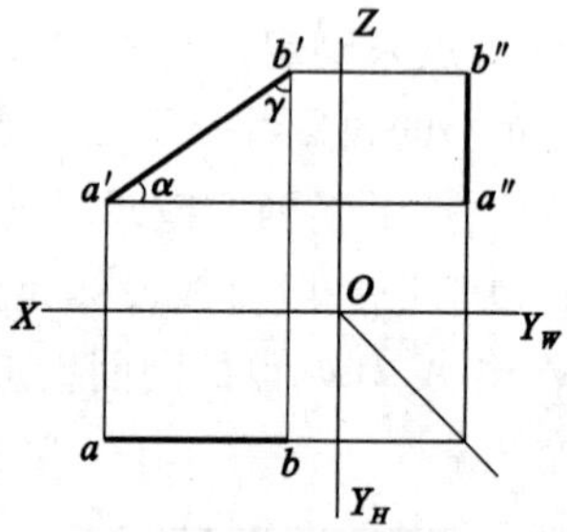	① 正面投影 $a'b'$ 反映线段实长,它与 OX 轴、OZ 轴的夹角即 α 和 γ; ② 水平投影 $ab\,/\!/\,OX$,侧面投影 $a''b''\,/\!/\,OZ$
侧平线	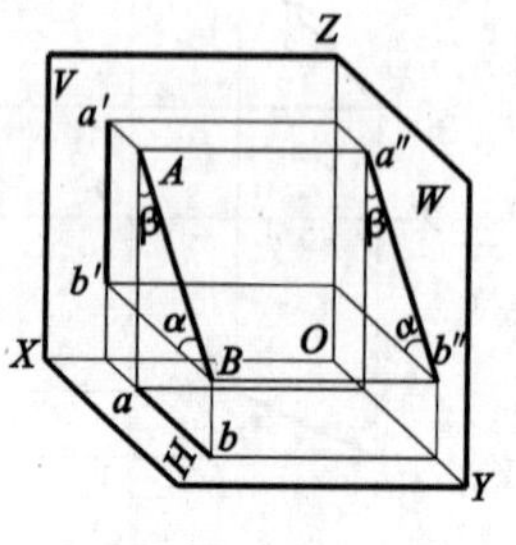	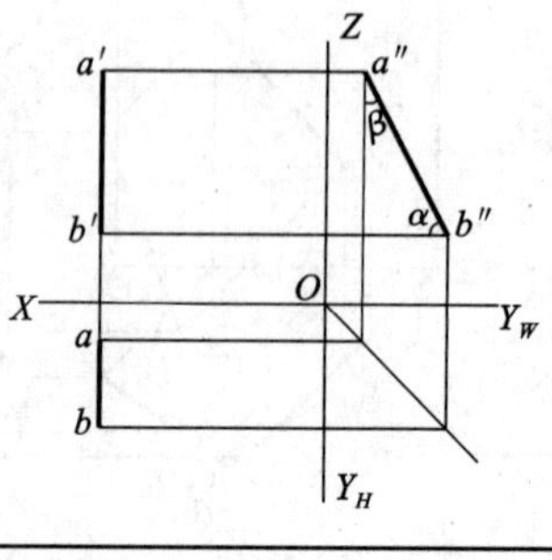	① 侧面投影 $a''b''$ 反映线段实长,它与 OY_W 轴、OZ 轴的夹角即 α 和 β; ② 正面投影 $a'b'\,/\!/\,OZ$,水平投影 $ab\,/\!/\,OY_H$

通过对表 3-1 的分析,可归纳出投影面平行线的投影特性:

① 直线在它所平行的投影面上的投影反映该线段的实长,且该实长投影与投影轴间的夹角反映直线对相应投影面的倾角。

② 直线在其他投影面上的投影分别平行于相应的投影轴,且都小于该线段的实长。

3.2.1.2 投影面垂直线

垂直于一个投影面,同时平行于其他两个投影面的直线称为投影面垂直线。垂直于 H 面的直线称为铅垂线,垂直于 V 面的直线称为正垂线,垂直于 W 面的直线称为侧垂线。投影面垂直线的投影特性见表 3-2。

表 3-2　　　　　　　　　　　　　　　　　投影面垂直线

名称	立体图	投影图	投影特性
铅垂线	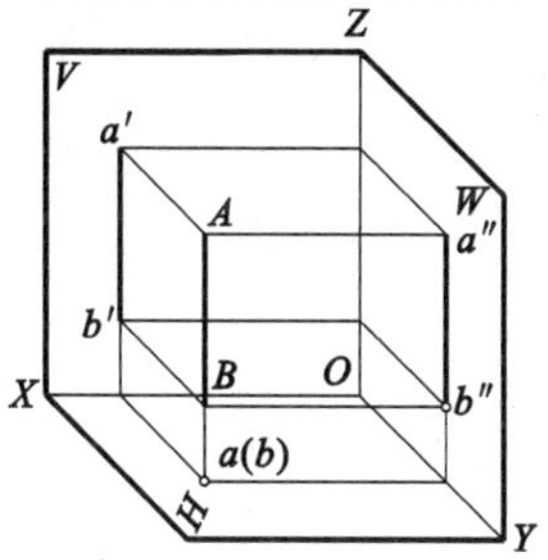	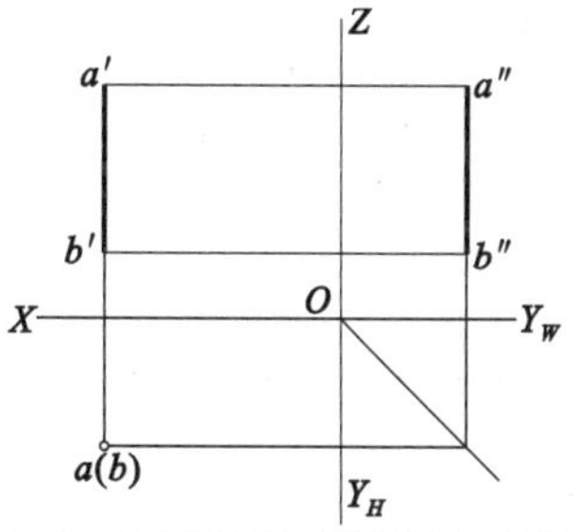	① 水平投影积聚成一点 $a(b)$; ② 正面投影 $a'b' \perp OX$,侧面投影 $a''b'' \perp OY_W$,并且都反映线段实长
正垂线	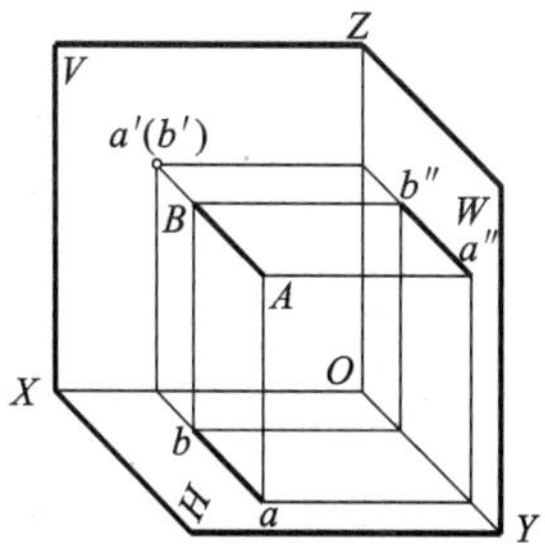	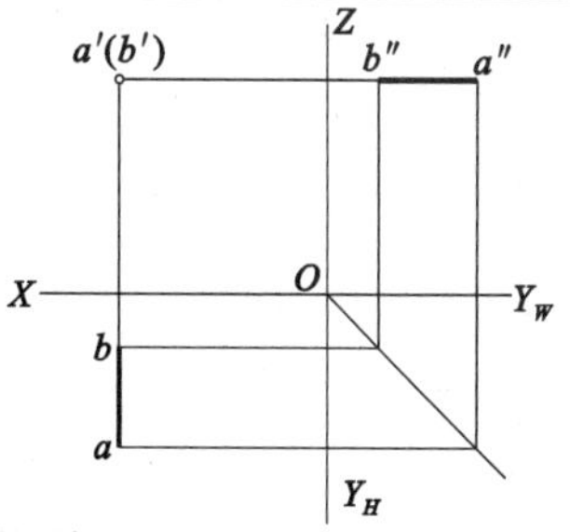	① 正面投影积聚成一点 $a'(b')$; ② 水平投影 $ab \perp OX$,侧面投影 $a''b'' \perp OZ$,并且都反映线段实长
侧垂线	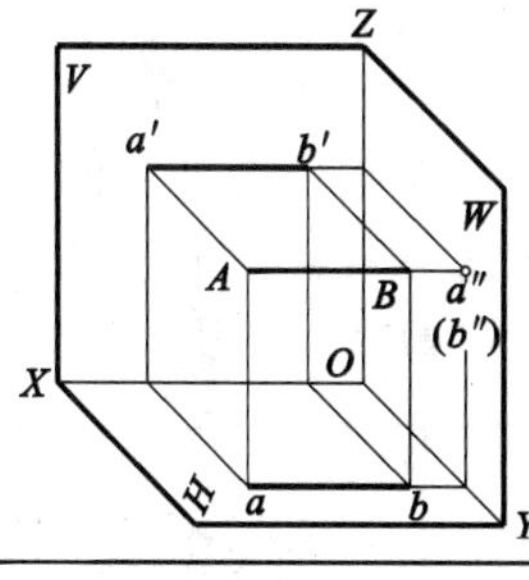	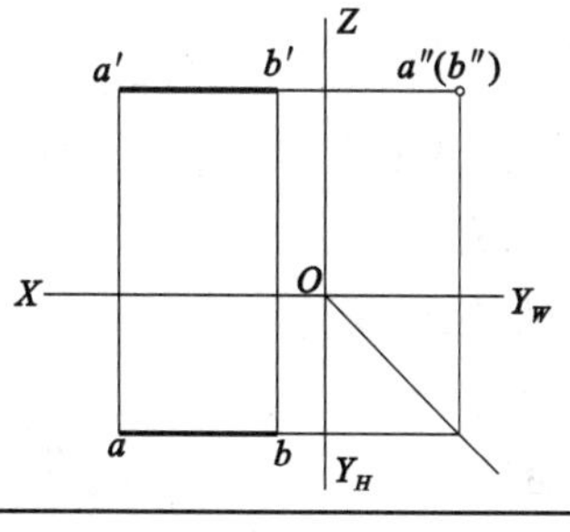	① 侧面投影积聚成一点 $a''(b'')$; ② 正面投影 $a'b' \perp OZ$,水平投影 $ab \perp OY_H$,并且都反映线段实长

通过对表 3-2 的分析,可归纳出投影面垂直线的投影特性:

① 直线在它所垂直投影面上的投影积聚成一点;

② 直线在其他两个投影面上的投影分别垂直于相应的投影轴,且反映线段的实长。

3.2.1.3 一般位置直线

与三个投影面都倾斜的直线称为一般位置直线。由于一般位置直线既不平行也不垂直于任何投影面,故它具有下列特性:

① 直线在三个投影面上的投影均不反映线段实长,且均比实长短,也无积聚性。

② 线段的三个投影均倾斜于投影轴,它们与投影轴间的夹角均不反映直线对相应投影面的倾角。如图 3-10(a)所示,直线 AB 对 H 面的倾角 α 就是直线 AB 与 ab 的夹角(图中过点 A 作平行于 ab 的辅助线,其与 AB 的夹角等于 AB 与 ab 的夹角),但此夹角不在图 3-10(b)中的任一投影与投影轴的夹角中反映出来。

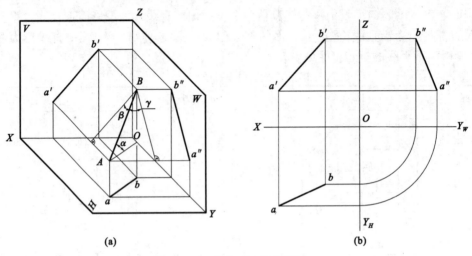

图 3-10　一般位置直线的投影

3.2.2　直线上的点

3.2.2.1　直线上点的投影特性

若点在直线上,则该点的各个投影一定在该直线的同面投影上,且符合点的投影规律。反之,若点的各投影都在直线的同面投影上,且符合点的投影规律,则该点一定在该直线上。

如图 3-11(b)所示,c 在 ab 上,c' 在 $a'b'$ 上,$cc' \perp OX$,则 C 在直线 AB 上,如图 3-11(c)所示,这是因为 AB 为一般位置直线。凡是在 ab 正上方的空间点,必位于过 ab 且垂直于 H 面的平面 P 内;同样,凡是在 $a'b'$ 正前方的空间点必在过 $a'b'$ 且垂直于 V 面的平面 Q 内。因此,点 C 一定在 P 面和 Q 面的交线上(即直线 AB 上)。

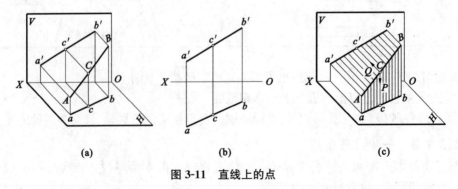

图 3-11　直线上的点

但是,当已知直线是侧平线时,如图 3-12 所示,仅知点的水平投影和正面投影在直线的同面投影上,且点的水平投影和正面投影的连线垂直于 OX 轴,还不能确定该点是否在直线上,因为 ab 和 $a'b'$ 及其投影线所形成的平面 P 和平面 Q 重合,如图 3-12(a)所示。这时,要判别点是否在直线上,可检查点的侧面投影是否在直线的侧面投影上,如图 3-12(b)所示,d'' 在 $a''b''$ 上,所以点 D 在直线 AB 上;c'' 不在 $a''b''$ 上,所以点 C 不在直线 AB 上。

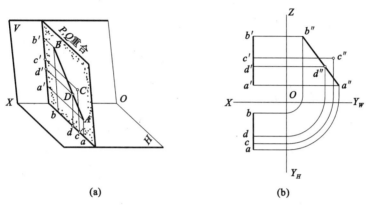

(a)   (b)

图 3-12   点 C 不在直线 AB 上

3. 2. 2. 2   点分线段成定比

如图 3-11(a)所示,点 C 把 AB 分为 AC 和 CB 两段,设这两段长度之比为 $m:n$。由于经各点向某一投影面所引的投影线是互相平行的,即 $Aa /\!/ Cc /\!/ Bb$,$Aa' /\!/ Cc' /\!/ Bb'$,所以 $AC:CB = ac:cb = a'c':c'b' = m:n$。这说明点将直线段分成某一比例,则点的各个投影必将该线段的同面投影分成相同的比例,这种关系称为定比关系,也可称为定比性。

【例 3-3】   点 C 把线段 AB 分为 $3:2$ 两段,求点 C 的两个投影,如图 3-13 所示。

【解】   作图:如图 3-13 所示。

(1) 过 a 任作辅助直线 aB_0;

(2) 将 aB_0 分为 5 等份,取 C_0 使 $aC_0:C_0B_0 = 3:2$;

(3) 连 bB_0,过 C_0 作 $C_0c /\!/ B_0b$,得 c;

(4) 由 c 即可求 c'。

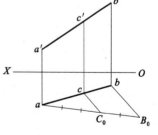

图 3-13   求分点 c、c'

【例 3-4】   已知侧平线上一点 E 的正面投影 e',求 e,如图 3-14(a)所示。

【解】   因为点 E 在直线 CD 上,它的各个投影均应在直线的同面投影上,所以可先作直线的侧面投影 $c''d''$。由 e' 定出 e'',再求出 E 的水平投影 e,如图 3-14(a)所示。

此题还可以用定比关系求解,由于 $de:ec = d'e':e'c'$,故可在水平投影中经 d 引任意直线 dC_0,如图 3-14(b)所示,在 dC_0 上取 $dC_0 = d'c'$,$dE_0 = d'e'$,在直线 dC_0 上定出 E_0,连 C_0c,过 E_0 引直线平行于 C_0c,即可求出 e。

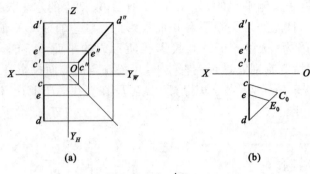

图 3-14　由 e' 求 e

3.2.3　两直线的相对位置

空间两直线的相对位置有下列三种:两直线平行、两直线相交、两直线交叉。其中,平行两直线和相交两直线称为共面直线,交叉两直线称为异面直线。

3.2.3.1　两直线平行

(1) 两平行直线的投影特性

若空间两直线互相平行,则此两直线的各组同面投影必互相平行。如图 3-15 所示,直线 $AB /\!/ CD$,过 AB 和 CD 向同一投影面作垂直面,如向 H 面作垂直面 $ABba$ 和 $CDdc$,因 $AB /\!/ CD$、$Aa /\!/ Cc$,故此两平面互相平行,它们与该投影面的交线 ab 和 cd 也必互相平行,同理可得 $a'b' /\!/ c'd'$。

(2) 两直线平行的判别

① 若两直线的三组同面投影都平行,则此两直线在空间也互相平行。

② 若两直线均为一般位置直线,则只要有两组同面投影平行,即可判定两直线在空间互相平行,如图 3-15(b) 所示。

③ 若两直线均为侧面平行线,则可用两直线在侧面上的投影来判别其是否平行。如图 3-16 所示,$a''b''$ 不平行于 $c''d''$,所以 AB 不平行于 CD。这种情况下也可仅用正面投影和水平投影来判别。如图 3-16 所示,假定 $ABCD$ 为一平面,则该平面对角线交点的水平投影和正面投影的连线就应垂直于 OX 轴。但图 3-16 中,$b'c'$ 和 $a'd'$ 的交点 k' 与 bc 和 ad 的交点 k 的连线不垂直于 OX 轴,所以 AB 与 CD 不共面,即 AB 不平行于 CD。

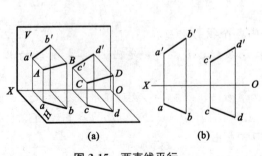

图 3-15　两直线平行

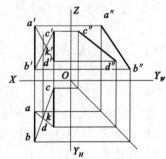

图 3-16　AB 不平行于 CD

3.2.3.2 两直线相交

（1）两相交直线的投影特性

若空间两直线相交，则此两直线的各组同面投影必相交，且交点的投影必符合点的投影规律。

如图 3-17 所示，空间两直线 AB、CD 相交于一点 K，点 K 同时在两直线上，所以 k 一定是 ab 与 cd 的交点，k' 一定是 $a'b'$ 和 $c'd'$ 的交点，而 k 和 k' 是空间一点 K 的两个投影，所以必有 $kk' \perp OX$，如图 3-17(b) 所示。

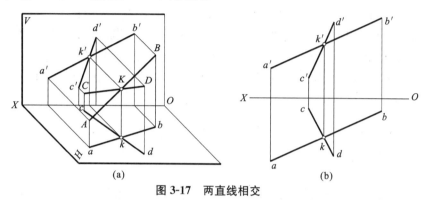

图 3-17　两直线相交

（2）两直线相交的判别

① 若两直线的各组同面投影均相交，且各投影的交点符合点的投影规律，则此两直线在空间也一定相交。

② 若两直线均处于一般位置，则只需观察两组同面投影即可。如图 3-17(b) 所示，AB 和 CD 为相交两直线。如图 3-18 所示，AB 和 CD 的水平投影积聚成一直线，这就表明这两直线是在同一铅垂面上，所以它们是相交的，交点为 K。

③ 当两直线中有一直线为侧平线时，一般要看侧面投影是否满足相交条件才能判别。如图 3-19 所示，直线 AB 和 CD 的三面投影均相交，这时可检查其交点是否符合点的投影规律。从图 3-19 中可以看出，正面投影和侧面投影的交点连线不垂直于 OZ 轴，由此可知 AB 与 CD 不相交。此题也可利用定比关系来判别两直线是否相交，如图 3-19 所示，$a'e' : e'b' \neq ae : eb$，故可判定点 E 不是直线 AB 上的点，即点 E 不是两直线的交点，所以 AB 与 CD 不相交。

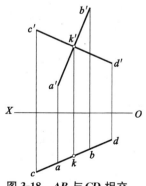

图 3-18　AB 与 CD 相交

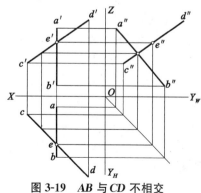

图 3-19　AB 与 CD 不相交

3.2.3.3 两直线交叉

在空间既不平行也不相交的两直线,称为交叉两直线。在投影图上,凡是不符合平行或相交条件的两直线都是交叉两直线。

交叉两直线的同面投影中可能有两组同面投影都平行,但不可能三组同面投影都平行,如图 3-16 所示。交叉两直线可能三组同面投影均相交,但其三个交点绝不符合点的投影规律,如图 3-19 所示。这种交点实际上是两交叉直线投影的交点,是空间两个点的投影,是位于同一条投影线上而又分属于两条直线的一对重影点。如图 3-20(a)所示,直线 AB 和 CD 水平投影 ab 和 cd 的交点 3(4),只是 AB 上的点Ⅲ和 CD 上的点Ⅳ在 H 面上的重合投影;c'd'和 a'b'的交点 1'(2')也只是 CD 上的点Ⅰ和 AB 上的点Ⅱ在 V 面上的重合投影。在投影图上,如图 3-20(b)所示,水平投影的交点 3(4)和正面投影的交点 1'(2')的连线不垂直于 OX 轴,即不符合点的投影规律,这说明 AB 和 CD 是交叉两直线。

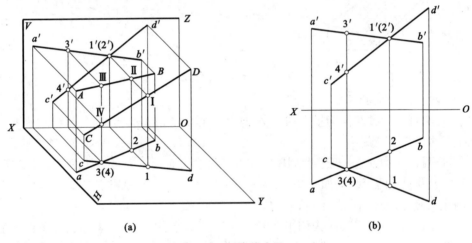

图 3-20 两直线交叉

交叉两直线的重影点应判别其可见性,并用小括号把不可见的点括起来。对于重影点可见性的判别,可采用下列方法:

① 对于 H 面重影点的可见性,应从上向下看,此时高的一点可见,低的一点不可见(即 z 坐标大的可见,小的不可见)。

② 对于 V 面重影点的可见性,应从前向后看,此时前面一点可见,后面一点不可见(即 y 坐标大的可见,小的不可见)。

③ 对于 W 面重影点的可见性,x 坐标大的可见,x 坐标小的不可见。

如图 3-20(b)所示,从水平投影交点 3(4)向上作投影连系线,与 a'b'交于 3',与 c'd'交于 4',因 3'高于 4',即 AB 上的点Ⅲ高于 CD 上的点Ⅳ,故点Ⅲ的 H 面投影可见,点Ⅳ的 H 面投影不可见。同理,从 V 面投影的交点 1'(2')向下作投影连系线,与 ab 交于 2,与 cd 交于 1,因 1 前于 2,即 CD 上的点Ⅰ前于 AB 上的点Ⅱ,故点Ⅰ的 V 面投影可见,点Ⅱ的 V 面投影不可见。

3.3 平面的投影

3.3.1 平面的表示方法

3.3.1.1 用几何元素表示平面

根据初等几何学可知,平面可由下列任一组几何元素确定它的空间位置:

① 不在同一直线上的三点,如图 3-21(a)所示;

② 一直线和该直线外一点,如图 3-21(b)所示;

③ 平行两直线,如图 3-21(c)所示;

④ 相交两直线,如图 3-21(d)所示;

⑤ 平面图形,如图 3-21(e)所示。

在投影图中可以用上述任一组几何元素的两面投影来表示平面。上述各种形式之间可以相互转换,但当不在同一直线上的三点给定以后,则无论转换成何种形式,平面在空间中的位置始终不变。

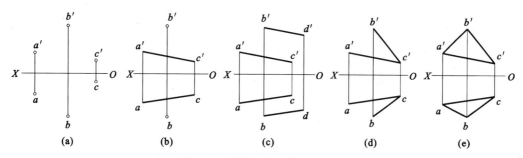

图 3-21 用几何元素表示平面

3.3.1.2 用迹线表示平面

平面与投影面的交线称为平面的迹线。如图 3-22 所示,平面 P 与 H 面的交线称为水平迹线,用 P_H 表示;与 V 面的交线称为正面迹线,用 P_V 表示;与 W 面的交线称为侧面迹线,用 P_W 表示。

如果迹线相交,则其交点必在投影轴上(三面共点原理),这个交点称为迹线共点。P_H、P_V 交于 OX 轴,其交点用 P_X 表示,其他两个迹线共点为 P_Y、P_Z,如图 3-22(a)所示。

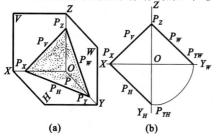

图 3-22 迹线表示一般位置平面

迹线既是投影面内的一条直线,又是平面内的一条直线。所以,迹线具有投影面内直线的特点,即它的一个投影与它本身重合,其余投影与投影轴重合。如图 3-22 所示,P_H 的水平投影与 P_H 重合,它的正面投影与 OX 轴重合,P_V、P_W 也有类似情况。在投影图中,只需将迹线与本身重合的那个投影画出并标记符号(如 P_H、P_V 等)即可,凡与投影轴重合的投影均不标记。

3.3.2　各种位置平面的投影特性

在三投影面体系中,根据平面与投影面相对位置的不同,平面可分为投影面垂直面、投影面平行面和一般位置平面。前两种平面称为特殊位置平面,平面与投影面之间的夹角称为平面对投影面的倾角。平面对 H 面、V 面、W 面的倾角分别用 α、β 和 γ 表示。

3.3.2.1　投影面垂直面

垂直于一个投影面而与其他两个投影面倾斜的平面称为投影面垂直面。只垂直于 H 面的平面称为铅垂面,只垂直于 V 面的平面称为正垂面,只垂直于 W 面的平面称为侧垂面。

投影面垂直面的投影特性见表 3-3。

表 3-3　　　　　　　　　　　　　　　投影面垂直面

名称	立体图	投影图	投影特性
铅垂面			① 水平投影积聚成一倾斜直线,它与 OX、OY_H 轴间的夹角即为 β 和 γ; ② 正面投影和侧面投影均为类似形
正垂面			① 正面投影积聚成一倾斜直线,它与 OX、OZ 轴间的夹角即为 α 和 γ; ② 水平投影和侧面投影均为类似形
侧垂面			① 侧面投影积聚成一倾斜直线,它与 OY_W、OZ 轴间的夹角即为 α 和 β; ② 水平投影和正面投影均为类似形

通过对表 3-3 的分析,总结出投影面垂直面的投影特性如下:

① 平面在其所垂直投影面上的投影积聚成一倾斜直线,此直线与投影轴间的夹角即为平面对相应投影面的倾角;

② 平面的其他两投影均为类似形。

一般常用几何元素表示平面,但有时也用迹线表示平面。如图 3-23 所示,平面 P 是正垂面,其投影特性是:① P_V 是有积聚性的倾斜直线,它与 OX 轴、OZ 轴间的夹角分别反映平面对 H 面、W 面的倾角 α、γ;② $P_H \perp OX$,$P_W \perp OZ$。

如图 3-24 所示,平面 Q 是铅垂面,其投影特性是:① Q_H 是有积聚性的倾斜直线,它与 OX 轴、OY_H 轴间的夹角分别反映倾角 β、γ;② $Q_V \perp OX$。

侧垂面也有类似的特性,如图 3-25 所示。

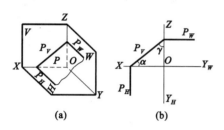

图 3-23 用迹线表示的正垂面

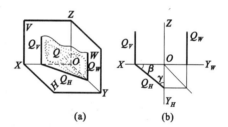

图 3-24 用迹线表示的铅垂面

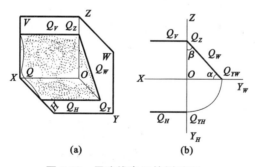

图 3-25 用迹线表示的侧垂面

3.3.2.2 投影面平行面

平行于一个投影面,同时垂直于其他两个投影面的平面称为投影面平行面。平行于 H 面的平面称为水平面,平行于 V 面的平面称为正平面,平行于 W 面的平面称为侧平面。

投影面平行面的投影特性见表 3-4。

通过对表 3-4 的分析,总结出投影面平行面的投影特性如下:

① 平面在其所平行投影面上的投影反映该平面的实形;

② 平面的其他两投影积聚成水平直线或铅垂直线,即平行于相应的投影轴。

表 3-4　　　　　　　　　　　　　　　投影面平行面

名称	立体图	投影图	投影特性
水平面			① 水平投影反映实形； ② 正面投影积聚成水平直线，即平行于 OX 轴，侧面投影积聚成水平直线，即平行于 OY_W 轴
正平面			① 正面投影反映实形； ② 水平投影积聚成水平直线，即平行于 OX 轴，侧面投影积聚成铅垂直线，即平行于 OZ 轴
侧平面			① 侧面投影反映实形； ② 水平投影积聚成铅垂直线，即平行于 OY_H 轴，正面投影积聚成铅垂直线，即平行于 OZ 轴

下面研究两种迹线面的投影特性。如图 3-26(a)所示，平面 P 是正平面，其投影特性是：① $P_H /\!/ OX$，$P_W /\!/ OZ$；② P_H 和 P_W 有积聚性。

如图 3-26(b)所示，平面 Q 是水平面，其投影特性是：① $Q_V /\!/ OX$，$Q_W /\!/ OY_W$；② Q_V 和 Q_W 有积聚性。侧平面也有类似的投影特性，只是其正面迹线和水平迹线均垂直于 OX 轴。

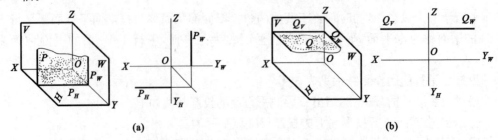

(a)　　　　　　　　　　　　　　　　　　　　**(b)**

图 3-26　迹线表示平面

(a)迹线表示的正平面；(b)迹线表示的水平面

3.3.2.3 一般位置平面

用平面图形表示的一般位置平面的各个投影既没有积聚性，又不反映实形，各个投影均为类似形，如图 3-21(e) 所示。用迹线表示的一般位置平面的各迹线均倾斜于各投影轴且均无积聚性，各迹线与各投影面间的夹角都不反映平面的倾角，如图 3-22 所示。

3.3.3 平面内的直线和点

3.3.3.1 平面内的直线

（1）直线在平面内的几何条件

① 若直线通过平面内的两个已知点，则该直线在平面内。如图 3-27(a) 所示，平面 P 是由相交两直线 AB 和 BC 确定的，在 AB 和 BC 上各取一点 D 和 E，则由该两点所决定的直线 DE 一定在平面 P 内。

② 若直线通过平面内一已知点，且平行于平面内的一直线，则该直线在此平面内，如图 3-27(b) 所示。

（2）在平面内取直线的方法

① 在平面内取两个已知点连成直线；

② 在平面内过一已知点引一直线，使所引的直线与该平面内一已知直线平行。

【例 3-5】 如图 3-28(a) 所示，平面由相交两直线 AB 和 BC 确定，试在该平面内任作一直线。

【解】 作图：如图 3-28(b) 所示，在直线 AB 上任取一点 $D(d, d')$，在直线 BC 上任取一点 $E(e, e')$，则直线 $DE(de, d'e')$ 就一定在已知平面内；通过平面内一已知点 $C(c, c')$，作直线 $CF(cf, c'f')$ 平行于 AB，则 CF 也必在已知平面内。

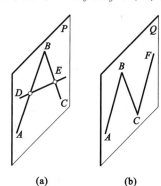

图 3-27 直线在平面内的条件

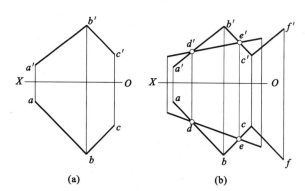

图 3-28 在平面内取直线

3.3.3.2 平面内的点

（1）点在平面内的几何条件

若点在平面内的任一直线上，则该点必在此平面内。

（2）在平面内取点的方法

① 直接在平面内的已知直线上取点；

② 先在平面内取直线（该直线要满足直线在平面内的几何条件），然后在该直线上取

符合要求的点。

【例 3-6】 如图 3-29(a)所示,平面由平行两直线 AB、CD 所确定,已知点 K 在此平面内,并知点 K 的水平投影 k,求 k'。

【解】 作图:如图 3-29(b)所示,过点 k 任作一直线交 ab 于点 1,交 cd 于点 2,然后求出 $1'$ 和 $2'$,连 $1'$、$2'$ 两点得直线 $1'2'$,最后由 k 求出 k'。

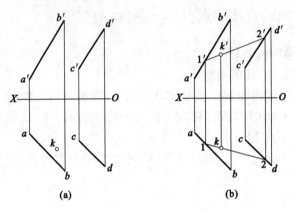

图 3-29 求平面内点 K 的正面投影

【例 3-7】 如图 3-30(a)所示,已知平面图形 $ABCD$ 的水平投影 $abcd$ 和两邻边 AB、BC 的正面投影 $a'b'$、$b'c'$,试完成平面图形 $ABCD$ 的正面投影。

【解】 (1) 分析:因四边形 $ABCD$ 是一个平面,它对角线的交点一定是平面上的点,而点 D 就是对角线 BD 的一个端点,所以只要在四边形 $ABCD$ 的水平投影上作出对角线的交点 e,由 e 求 e',然后求出 d',即可完成全图。

(2) 作图:① 如图 3-30(b)所示,连对角线 ac 和 $a'c'$,再连对角线 bd,可得对角线的交点 e。

② 由 e 向上作垂线交 $a'c'$ 于 e',连接 $b'e'$ 并延长,与自 d 向上作的垂线交于 d',如图 3-30(c)所示。

③ 连接 $a'd'$ 和 $c'd'$,完成全图,如图 3-30(d)所示。

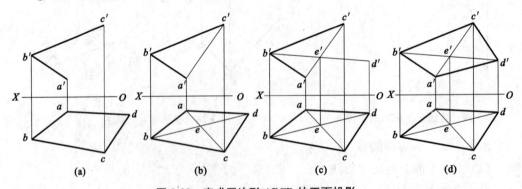

图 3-30 完成四边形 $ABCD$ 的正面投影

3.4　直线与平面、平面与平面的相对位置

直线与平面、平面与平面的相对位置有平行、相交和垂直三种情况。下面我们只介绍其中两种情况的投影特性和作图方法。

3.4.1　直线与平面平行、两平面互相平行

3.4.1.1　直线与平面平行

由初等几何学可知,如果平面外一直线与平面内的任一直线平行,则此直线与该平面平行。如图 3-31 所示,直线 AB 平行于平面 P 内一直线 CD,则直线 AB 平行于平面 P。反之,如果平面内作不出与该直线平行的直线,则可确定此直线不与该平面平行。

【例 3-8】　如图 3-32(a)所示,过点 K 作一正平线 KL 平行于△ABC。

【解】　(1)分析:过点 K 可作无数条直线与已知平面平行,但只有一条是正平线。该正平线必须与△ABC 内的正平线平行,如图 3-32(c)所示。

(2)作图:① 在△ABC 内任作一正平线 $AD(ad,a'd')$,如图 3-32(b)所示;

② 过 k 作 kl // ad,过 k' 作 $k'l'$ // $a'd'$,则直线 $KL(kl,k'l')$ 平行于△ABC,如图 3-32(c)所示。

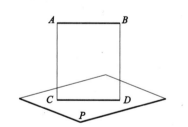

图 3-31　直线平行于平面

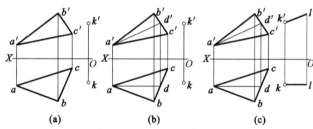

图 3-32　过点 K 作正平线平行于已知平面

【例 3-9】　过直线 CD 作平面平行于直线 AB,如图 3-33(a)所示。

【解】　(1)分析:要过直线 CD 作一平面平行于已知直线 AB,则必须使所作的平面有一直线与 AB 平行,所以只要过 CD 的任一端点作直线(如 DE)平行于 AB 即可。

(2)作图:过点 D 的投影 d、d' 分别作 de // ab、$d'e'$ // $a'b'$,则相交两直线 CD、DE 所确定的平面即为所求,如图 3-33(b)所示。

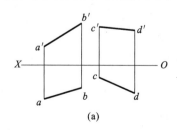

(a)

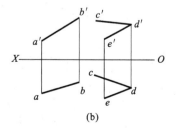

(b)

图 3-33　包含直线 CD 作平面平行于直线 AB

3.4.1.2　两平面互相平行

由初等几何学可知:如果一平面内的相交两直线对应地平行于另一平面内的相交两直线,则该两平面互相平行。

如图 3-34 所示,因为平面 P 内的相交两直线 BA 和 AC 对应平行于平面 Q 内的两直线 ED 和 DF,所以平面 P 和平面 Q 互相平行。

【例 3-10】　如图 3-35(a)所示,已知由平行两直线 AB、CD 所确定的平面,试过点 $K(k,k')$ 作一平面平行于已知平面。

【解】　(1)分析:过点 K 作相交两直线对应地平行于已知平面的相交两直线,则所作的相交两直线所确定的平面平行于已知平面。

(2)作图[图 3-35(b)]:① 因为已知平面由一对平行线 AB、CD 所确定,所以要在该平面内引一条辅助直线 $MN(mn,m'n')$ 与它们相交;② 过点 $K(k,k')$ 作相交两直线 EF $(ef,e'f')$ 和 $GH(gh,g'h')$ 分别平行于 $AB(ab,a'b')$ 和 $MN(mn,m'n')$,则相交两直线 EF 和 GH 所确定的平面即为所求。

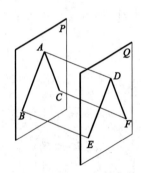

图3-34　两平面平行的条件

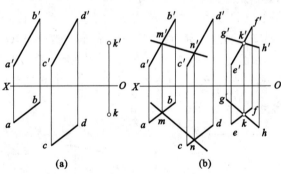

图 3-35　作平面平行于已知平面

【例 3-11】　试判别如图 3-36(a)所示两组平面是否互相平行。

【解】　① 如图 3-36(b)所示,先在第一平面内作相交两直线,再在第二平面内试作相交两直线与其相应平行。若能作出,则此两平面互相平行。为此,在△ABC 内作任一正平线 $A\,\mathrm{II}$ 和一水平线 $C\,\mathrm{I}$,再在△DEF 内作一正平线 $E\,\mathrm{IV}$ 和一水平线 $D\,\mathrm{III}$。

作图结果是:$a2\,/\!/\,e4$,$a'2'\,/\!/\,e'4'$,$c1\,/\!/\,d3$,$c'1'\,/\!/\,d'3'$,所以此两平面互相平行。

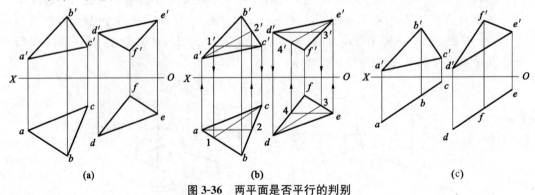

(a)　　　　　　　　　(b)　　　　　　　　　(c)

图 3-36　两平面是否平行的判别

(a)已知两组平面;(b)两平面平行;(c)两铅垂面平行

② 当给出的两平面都垂直于同一投影面时,可直接根据有积聚性的投影来判别两平面是否互相平行。如图 3-36(c)所示,两铅垂面的水平投影(有积聚性的投影)互相平行,则这两个平面互相平行。

3.4.2 直线与平面相交、两平面相交

直线与平面如不平行,就一定相交,而且只有一个交点。直线与平面的交点既在直线上,又在平面内,是直线与平面的共有点。求直线与平面的交点,实质上就是求直线与平面的共有点。

两平面如不平行,就一定相交。两平面的交线是一直线,此直线为两平面的共有线。只要求出两平面的两个共有点(或一个共有点和交线的方向),即可确定两平面的交线。因此,求两平面交线的问题,实质上就是求两平面两个共有点的问题。

3.4.2.1 一般位置直线与投影面垂直面相交

在建筑制图中,求截交线和相贯线,作透视、阴影等许多问题,实质上都是求直线与平面的交点问题,尤其是求直线与投影面垂直面(或投影面平行面)的交点问题。

投影面垂直面的一个投影(或迹线)有积聚性,利用积聚性可以直接确定交点的一个投影,然后利用直线上点的投影规律即可求出交点的第二个投影。

如图 3-37(a)所示,因为铅垂面 P 的水平投影 p 有积聚性,所以位于铅垂面 P 内和直线 AB 上的点 M 的水平投影 m 必为铅垂面的积聚投影 p 和直线水平投影 ab 的交点,其正面投影 m' 一定在直线 $a'b'$ 上,并且 $mm' \perp OX$,因此可求出交点 M 的正面投影 m'。如图 3-37(b)所示,由 m 向上作垂线交 $a'b'$ 于 m'。m、m' 即为所求交点 M 的两个投影。

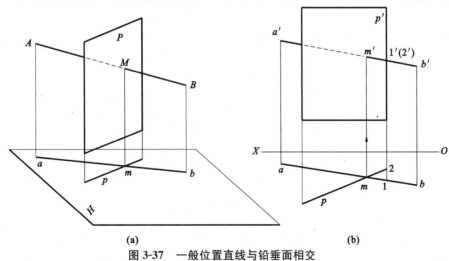

(a)   (b)

图 3-37 一般位置直线与铅垂面相交

交点 M 求出后,还要判别直线 AB 的可见性。因平面 P 为铅垂面,看水平投影时,直线 AB 全可见,故只需对正面投影判别可见性。判别的方法一般用交叉两直线的重影点法。如图 3-37(b)所示,假定平面 P 是不透明的,直线 AB 与铅垂面 P 的左、右两边线构成两个重影点,任选其中一个,例如点 $1'(2')$,并求出它们的水平投影。其水平投影是:直线 ab 上的点 1、平面积聚投影 p 上的点 2。因为点 1 的 y 坐标大于点 2 的 y 坐标,所

以正面投影 $a'b'$ 上的点 $1'$ 可见,平面右边线上的 $(2')$ 不可见;又因 m' 为可见与不可见部分的分界点,故直线 $m'b'$ 可见,直线 $m'a'$ 中被平面 P 遮挡部分不可见。

本例也可以用直接观察法来判别可见性。与上法相同,只需判别正面投影的可见性。m' 为可见与不可见部分的分界点,从水平投影中可知直线 mb 在积聚投影 p 之前,所以 $m'b'$ 可见,$m'a'$ 的一部分在 P 面之后,被 P 面遮挡的部分不可见,应画成虚线。

3.4.2.2 一般位置平面与投影面垂直面相交

求一般位置平面与投影面垂直面的交线问题,可归结为求一般位置平面内两条直线与投影面垂直面的两个交点问题。这个问题就是前述一般位置直线与投影面垂直面相交问题的应用。

【例3-12】 如图 3-38 所示,求 $\triangle ABC$ 与铅垂面 P 的交线。

【解】 (1)分析:本题要求作 $\triangle ABC$ 内两直线 AB 和 AC 与铅垂面 P 的交线 MN。

(2)作图:① 求直线 AB 与铅垂面 P 的交点 M 的正面投影 m',已于前例作出。

② 直线 AC 与铅垂面 P 的交点 N 的正面投影 n' 的作法如下。

如图 3-38(b)所示,在水平投影中找出铅垂面 P 的积聚投影 p 与 ac 的交点 n,由 n 向上作垂线与 $a'c'$ 相交于 n'。连 m'、n' 即得两平面交线的正面投影 $m'n'$。

③ 用直接观察法判别可见性:因为平面 P 为铅垂面,所以看水平投影时,$\triangle abc$ 都看得见。看正面投影时,以 $m'n'$ 为分界线,三角形的 $b'm'n'c'$ 部分在铅垂面 P 的前面,为可见;而三角形的 $a'm'n'$ 部分在铅垂面的后面,则被铅垂面遮挡的部分不可见。

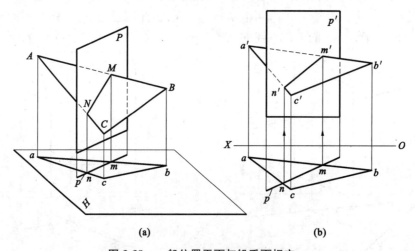

(a)   (b)

图 3-38 一般位置平面与铅垂面相交

3.4.2.3 一般位置平面与投影面垂直线相交

投影面垂直线与一般位置平面相交时,因投影面垂直线的投影有积聚性,故可利用其积聚投影直接确定交点的一个投影,再用在平面内取点的方法,求出交点的另一个投影。

【例3-13】 如图 3-39(a)所示,求铅垂线 EF 与一般位置平面 $\triangle ABC$ 的交点 K。

【解】 (1)分析:由于铅垂线的水平投影有积聚性,故本题可利用在平面内取点的方法解决求交点的问题。

(2)作图。如图 3-39(a)所示,铅垂线 EF 与一般位置平面 $\triangle ABC$ 相交,铅垂线 EF

的水平投影 $e(f)$ 有积聚性,交点 K 的水平投影 k 也积聚在 $e(f)$ 上。如图 3-39(b)所示,在水平投影 $\triangle abc$ 中,过点 k 作辅助直线 ag,求出 $a'g'$,$a'g'$ 与 $e'f'$ 的交点 k' 即交点 K 的正面投影。

(3)判别可见性。用交叉两直线的重影点判别法来判别可见性。如图 3-39(c)所示,正面投影有上、下各一对重影点,选下面的一对重影点 $2'(1')$。该重影点为 AC 与 EF 两交叉直线对 V 面的一对重影点。自重影点 $2'(1')$ 向下作垂线,与直线 ac 交于点 1,与 EF 的积聚投影 $e(f)$ 交于点 2。由于点 2 的 y 坐标大于点 1 的 y 坐标,故直线 $e'f'$ 上的点 $2'$ 可见,$a'c'$ 上的点 $(1')$ 不可见。又因直线 $e'f'$ 上的 k' 为可见与不可见部分的分界点,所以直线 $k'2'$ 可见,即 $k'f'$ 可见,$k'e'$ 与 $\triangle a'b'c'$ 重叠部分不可见,应用虚线画出。

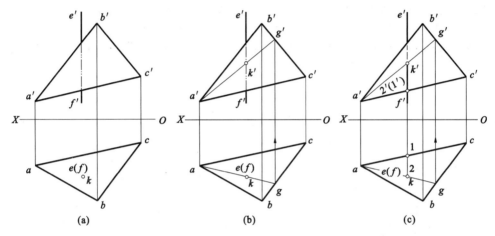

图 3-39　铅垂线与 $\triangle ABC$ 相交

【复习思考题】

3-1　点的三面投影规律是什么? 它与"三等规律"有什么关系?

3-2　如何根据点的第二投影求其第三投影?

3-3　什么叫作重影点? 如何判别重影点的可见性?

3-4　试述投影面平行线和投影面垂直线的投影特性。

3-5　试述直线上点的投影特性及点分直线段成定比的含义。

3-6　如何在投影图上判别两直线是平行、相交还是交叉?

3-7　试述投影面垂直面和投影面平行面的投影特性。

3-8　试述在平面内取点的方法。

3-9　如何检查空间四点是否在同一平面内?

3-10　试述直线与平面平行、两平面互相平行的几何条件。

3-11　试述一般位置直线与投影面垂直面交点的求法。

3-12　一般位置平面与投影面垂直面相交,求其交线的方法是什么? 如何判别其可见性?

3-13　试述一般位置平面与投影面垂直线交点的求法。

4 立 体

工程建筑物的形状是多种多样的,但经过分析,可以认为它们是由一些简单几何体组成的。图 4-1(a) 所示的桥墩可以分解为三棱柱、四棱柱和半圆柱等简单几何体［图 4-1(b)］。在工程制图上,这些简单几何体常称基本形体。

常见的基本形体,按其表面的几何性质可分为平面立体(如棱柱、棱锥等)和曲面立体(如圆柱、圆锥等)两类。

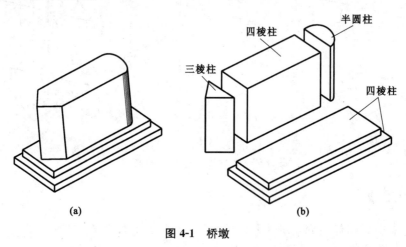

图 4-1 桥墩

4.1 立体的投影及在其表面上取点、取线

4.1.1 平面立体的投影及在其表面上取点

由若干平面图形围成的基本形体称为平面立体。平面立体上相邻表面的交线是平面立体的棱线或底面的边线。画平面立体的投影,实际上就是画立体上所有棱线和底面边线的投影,并按它们的可见性,分别用粗实线或虚线表示。

常见的平面立体有棱柱和棱锥两种。棱柱的棱线彼此平行,棱锥的棱线相交于一点。

4.1.1.1 棱柱

(1) 棱柱的形成及其投影

棱柱由若干棱面和上、下底面组成,其上、下底面为互相平行的多边形平面,相邻棱面的交线称为棱线,棱柱的棱线互相平行。常见的棱柱有三棱柱、四棱柱、六棱柱等。

下面以图 4-2 所示的三棱柱为例说明其投影作图。

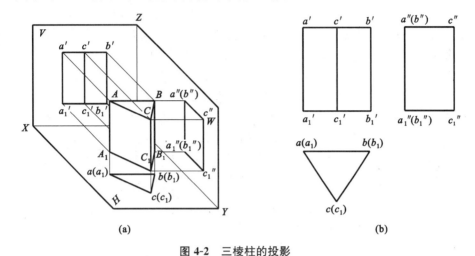

图 4-2   三棱柱的投影

① 选择安放位置。

为了更好地利用投影的实形性和积聚性,应将形体更多地平行或垂直于投影面。如图 4-2(a)所示的三棱柱,上、下底面平行于 H 面,后棱面 AA_1B_1B 平行于 V 面,而左、右棱面垂直于 H 面。

② 投影分析,如图 4-2(b)所示。

a.水平投影:是一个三角形。它反映上、下底面的实形,两底面投影重合;三角形的三条边是三个棱面的积聚投影;三角形的三个顶点是三棱柱三条棱线的积聚投影。

b.正面投影:是由两个小矩形组成的大矩形。其左、右矩形分别为左、右棱面的投影。大矩形是后棱面 AA_1B_1B 的实形。大矩形的上、下边线 $a'c'b'$ 和 $a_1'c_1'b_1'$ 是上、下底面的积聚投影。

c.侧面投影:是一个矩形,它是左、右棱面 AA_1C_1C、CC_1B_1B 重合的投影,此两棱面均倾斜于 W 面,其投影均为类似形。矩形的上、下边分别为上、下底面的积聚投影,矩形的左边是后棱面(正平面)的积聚投影,矩形的右边是前棱线 CC_1 的投影。

③ 作图:如图 4-2(b)所示,在水平投影中,画上、下底面的实形△abc,并使 ab 边平行于 OX 轴;按长对正规律,画正面投影的大矩形和左右两个小矩形;最后按高平齐和宽相等规律完成侧面投影的矩形。

从本章起,在画形体的投影图时,均省去投影轴和立体轮廓的投影连系线,但必须遵守"长对正,高平齐,宽相等"的三等规律。

(2) 棱柱表面取点

一般棱柱的棱面都垂直于底面。当其棱面垂直于 H 面时,则棱面和上、下底面都有积聚性,可利用积聚投影作出点的第二投影,最后用三等规律作出点的第三投影。

【例 4-1】   如图 4-3(a)所示,已知三棱柱表面点 M 的正面投影(m')(括号表示不可见)及点 N 的正面投影 n',求点 M 和点 N 的另外两个投影。

【解】   (1)分析:如图 4-3(a)所示,由于(m')不可见,故点 M 在三棱柱的后棱面(正平面)上；n' 可见，则点 N 在三棱柱的右棱面(铅垂面)上。因该两棱面都有积聚性，故点 M 的其余两投影和点 N 的第二投影均可利用积聚投影直接求出。

（2）作图：如图 4-3(b)所示，由 (m') 向下作垂线，与后棱面的积聚投影 ab 交于 m；由 (m') 向右作水平线，与后棱面的积聚投影 $a''a_1''$ 交于 m''。由 n' 向下作垂线，与右棱面的积聚投影 bc 交于 n，再由 n'、n 和 y_1(宽相等)即可求得 (n'')。

（3）判别可见性：处在可见平面上的点可见，处在不可见平面上的点不可见。因右棱面的侧面投影不可见，故 (n'') 不可见。当点的投影在平面的积聚投影上时，一般不判别可见性，如 m、m'' 和 n。

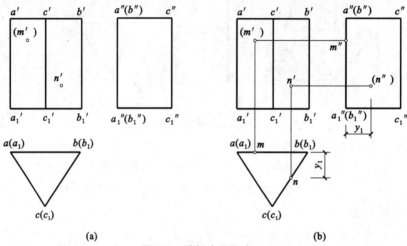

图 4-3　棱柱表面取点

4.1.1.2　棱锥

（1）棱锥的形成及其投影

棱锥是由一个多边形底面和若干个具有公共顶点的三角形棱面组成的。棱锥相邻两棱面的交线(棱线)相交于一点(顶点)。常见的棱锥有三棱锥、四棱锥等。

下面以图 4-4 所示的三棱锥为例说明其投影作图。

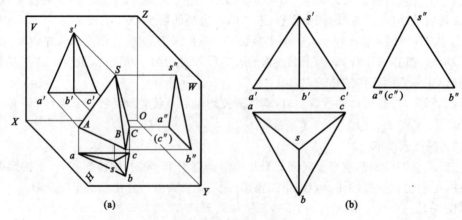

图 4-4　三棱锥的投影

① 选择安放位置。

如图 4-4(a)所示,将三棱锥底面平行于 H 面,使三棱锥的后棱面 SAC 垂直于 W 面。

② 投影分析,如图 4-4(b)所示。

a. 水平投影:是由三个小三角形组成的大三角形。三个小三角形分别是三个棱面的投影,大三角形是底面的投影(不可见)。

b. 正面投影:是由两个小三角形组成的一个大三角形。两个小三角形是左、右棱面的投影,大三角形是后棱面 SAC 的投影(不可见)。

c. 侧面投影:是一个三角形。它是左、右棱面重合的投影。三角形的左边线 $a''(c'')s''$ 是后棱面的积聚投影,底边线 $a''(c'')b''$ 是底面的积聚投影。

③ 作图:如图 4-4(b)所示,先作底面的各投影,即 $\triangle abc$、$a'b'c'$ 和 $a''(c'')b''$;再画顶点 S 的三个投影 s、s'、s'';最后画各棱线的三面投影,即完成三棱锥的投影。

(2) 棱锥表面取点

在棱锥表面取点,首先要分析点所在表面的空间位置。在投影面垂直面上的点可利用积聚投影作图。在一般位置平面上的点,应先在棱面上作辅助线(通常作过点和棱锥顶点的直线),然后做出辅助线的各面投影,再按直线上点的投影特性作出符合要求的点的投影。

【例 4-2】 如图 4-5(a)所示,已知三棱锥表面点 M 的水平投影 m(无括号为可见)和点 N 的正面投影 (n'),求点 M 和点 N 的另外两投影。

【解】 (1) 分析:如图 4-5(a)所示,(n') 不可见,则点 N 在三棱锥的后棱面 SAC 上,而 $\triangle SAC$ 为侧垂面(ac 和 $a'c'$ 均平行于 OX 轴,即 AC 为侧垂线),有积聚性,可利用积聚投影直接求出点 N 的各面投影;而 m 可见,因点 M 在右棱面 SBC 上,且 $\triangle SBC$ 为一般位置平面,故需要作辅助直线才能作出点 M 的另外两个投影。

(2) 作图:过 (n') 向右作平行于 OX 轴的直线,交 $s''a''$ 于 n'',并在侧面投影中作出 y_1;由 (n') 向下作垂线,按 y_1(宽相等)的关系,在此垂线上作出 n;连 sm 延长后交 bc 于 l,由 l 向上作垂线交 $b'c'$ 于 l',连 $s'l'$;由 y_2(宽相等)作出 l'',连 $s''l''$;由 m 向上作垂线得 m',再由 m' 向右作 OX 轴的平行线交 $s''l''$ 于 (m''),即完成全图。

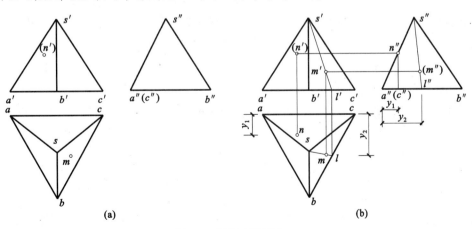

(a)   (b)

图 4-5 棱锥表面取点

（3）判别可见性：点 N 在后棱面 SAC 上，$\triangle sac$ 可见，则 n 可见。后棱面 SAC 的侧面投影有积聚性，不判别可见性，所以 n'' 不判别可见性。点 M 在 $\triangle SBC$ 上，$\triangle s'b'c'$ 可见，则 m' 可见；因 $\triangle SBC$ 的侧面投影 $\triangle s''b''c''$ 不可见，所以 m'' 不可见。

4.1.2　曲面立体的投影及在其表面上取点、取线

由曲面或曲面和平面围成的立体称为曲面立体。常见的曲面立体有圆柱、圆锥、圆球、圆环等，如图 4-6 所示。这些曲面立体统称回转体。回转体都是由回转面或回转面和平面围成的。所以，研究回转体之前应对回转面的形成和其投影特性进行研究。

回转面是一条母线（直线或平面曲线）绕一固定直线（回转轴线）回转形成的，如图 4-6 所示。当直母线 AA_1 与轴线 OO_1 平行时，绕轴线回转而成圆柱面，如图 4-6(a)所示；当直母线 SA 与轴线 OO_1 相交时，绕轴线回转而成圆锥面，如图 4-6(b)所示；当母线为圆，回转轴线就是它本身的一条直径时，绕轴线回转而成圆球面，如图 4-6(c)所示；当母线为圆，回转轴线与该圆共平面但在圆外时，绕轴线回转而成圆环面，如图 4-6(d)所示。母线在回转面上任一位置，称为素线。

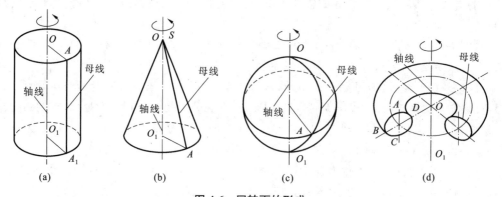

图 4-6　回转面的形成

(a) 圆柱面；(b) 圆锥面；(c) 圆球面；(d) 圆环面

回转面的共同特性是：在回转过程中，母线上任一点回转一周的轨迹都是圆，其回转半径就是该点到回转轴的距离，所以用垂直于轴线的平面切割回转面时，其表面交线为圆周。下面分别说明上述部分回转体的投影及在其表面上取点、取线的问题。

4.1.2.1　圆柱

（1）圆柱的形成及其投影

圆柱由圆柱面和上、下两个互相平行且相等的圆平面组成。现以图 4-7(a)所示的圆柱为例说明圆柱的投影。

① 选择安放位置。

如图 4-7(a)所示，使圆柱体的轴线垂直于 H 面，则上、下底面均为水平面。

② 投影分析，如图 4-7(b)所示。

a. 水平投影：是一个圆，它是圆柱顶面和底面的重合投影，其圆周是圆柱面的积聚投影，圆周上的任一点都是一条素线的积聚投影。

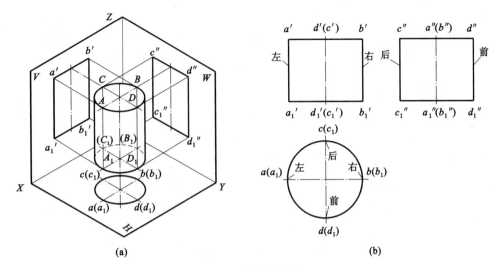

图 4-7 圆柱的投影

b. 正面投影：是一个矩形，它是前半个圆柱面和后半个圆柱面的重合投影，矩形的上、下边 $a'b'$、$a_1'b_1'$ 是圆柱顶面和底面的积聚投影，矩形的左、右边 $a'a_1'$、$b'b_1'$ 是圆柱最左、最右素线 AA_1、BB_1 的正面投影。素线 AA_1 和 BB_1 是圆柱向 V 面投影时可见与不可见部分的分界线。$a'a_1'$ 和 $b'b_1'$ 称为圆柱对 V 面的转向轮廓线（与轴线重合转向轮廓线的投影不需画出，如侧面投影中的 $a''a_1''$ 不画粗实线）。

c. 侧面投影：是一个矩形，它是左半圆柱面和右半圆柱面的重合投影。矩形的左、右边 $c''c_1''$、$d''d_1''$ 是圆柱最后、最前素线 CC_1 和 DD_1 的侧面投影，也是圆柱向 W 面投影时的转向轮廓线。

③ 作图[图 4-7(b)]：先画轴线的三面投影，再画水平投影的圆，最后按三等规律画出正面投影和侧面投影。

（2）圆柱表面取点、取线

在圆柱表面取点、取线时可利用圆柱面投影的积聚性。

【例 4-3】 如图 4-8(a)所示，已知圆柱面上的点 A、直线 BC 和 DE 的正面投影 a'、$b'c'$ 和 $d'(e')$，求它们的另外两投影。

【解】 （1）分析：如图 4-8(a)所示，圆柱的轴线垂直于 W 面，圆柱面的积聚投影为侧面投影的圆周，点 A、直线 BC 和 DE 都在圆柱面上，所以可利用圆柱侧面投影的积聚性先作出其侧面投影，再用长对正、宽相等规律作出其水平投影。

（2）作图：从正面投影中的 a'、$b'c'$、$d'(e')$ 向右作平行于 OX 轴的直线，延长后与圆周交得 a''、$b''(c'')$、$d''(e'')$ 各点；过 $d'(e')$、$b'c'$、a' 向下作垂线，再按 y_1、y_2（宽相等）作出 OX 轴的平行线后和水平投影的点画线一起，分别与上述有关垂线交得 d、(e)、b、c、a 各点。

（3）判别可见性：从侧面投影的圆周上，可清楚地看出直线 BC 是在上半圆柱面上，为可见，其水平投影 bc 应画成粗实线；DE 是在下半圆柱面上，不可见，其水平投影应画成虚线，由于 a'' 在圆周顶端，故其水平投影在圆柱轴线的水平投影上，并且可见。

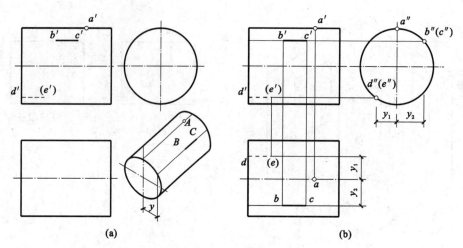

图 4-8　圆柱表面取点、取线

4.1.2.2　圆锥

（1）圆锥的形成及其投影

圆锥是由圆锥面和底面组成的，现以图 4-9(a)所示圆锥为例来说明圆锥的投影。

① 选择安放位置。

如图 4-9(a)所示，圆锥的轴线垂直于 H 面，则底面平行于 H 面。

② 投影分析，如图 4-9(b)所示。

a. 水平投影：是一个圆，该圆是可见圆锥面的投影，也是不可见底面的投影。

b. 正面投影：是一个等腰三角形，它是前半个圆锥面和后半个圆锥面的重合投影。三角形底边是圆锥底面的积聚投影。三角形的两腰 $s'a'$、$s'b'$ 是圆锥最左、最右素线 SA、SB 的投影。SA、SB 是圆锥向 V 面投影时可见与不可见部分的分界线，$s'a'$、$s'b'$ 称为圆锥向 V 面投影时的转向轮廓线。转向轮廓线的投影与中心线或轴线重合时均不需画出。如 SA、SB 的水平投影 sa、sb 及 SA、SB 的侧面投影 $s''a''(b'')$ 都不能画成粗实线。

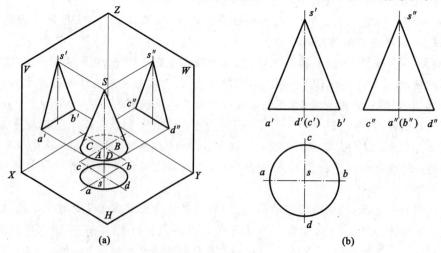

图 4-9　圆锥的投影

c.侧面投影:是一个等腰三角形,它是左半圆锥面和右半圆锥面的重合投影。三角形的底边是圆锥底面的积聚投影。三角形的两腰 $s''c''$、$s''d''$ 是圆锥最后、最前素线 SC、SD 的侧面投影。SC、SD 是圆锥向 W 面投影时可见与不可见部分的分界线,$s''c''$、$s''d''$ 称为圆锥向 W 面投影时的转向轮廓线。转向轮廓线 SC、SD 的水平投影 sc、sd 及正面投影 $s'd'(c')$ 与中心线或轴线重合时不能画成粗实线。

③ 作图,如图 4-9(b)所示:先画轴线的三面投影,然后画水平投影的圆,再画正面投影和侧面投影圆锥底面的积聚投影,最后画锥顶 S 的三面投影 s、s'、s'',画正面投影和侧面投影的转向轮廓线,并完成全图。

(2)圆锥表面取点

圆锥面的三个投影均无积聚性,所以在圆锥表面取点时,必须用辅助线。常用的辅助线法有辅助直素线法(简称直素线法)和辅助纬圆法(简称纬圆法)两种。

【例 4-4】 如图 4-10(b)所示,已知圆锥面上点 K 的正面投影 k',求点 K 的水平投影 k。

【解】 本例问题用直素线法和纬圆法均可解决,分述如下。

(1)直素线法

① 分析:如图 4-10(a)所示,在圆锥面上过点 K 连锥顶 S 得一条素线 SM,则点 K 就是该素线上的一点。

② 作图:如图 4-10(c)所示,过 k' 连 s' 得直线 $s'k'$,后延长与圆锥底面的积聚投影交于 m',$s'm'$ 即为素线的正面投影;按长对正的规律作出圆周上的点 m,连 sm,sm 即素线 SM 的水平投影。由 k' 即可作出所求的 k。

(2)纬圆法

① 分析:垂直于回转体轴线的圆称为纬圆。本例应用纬圆法时,就是在圆锥面上作垂直于圆锥轴线的圆,如图 4-10(a)中过点 K 所作的圆。如图 4-10(d)所示,该圆的一个投影(水平投影)反映圆的实形,圆的其他投影为一直线。

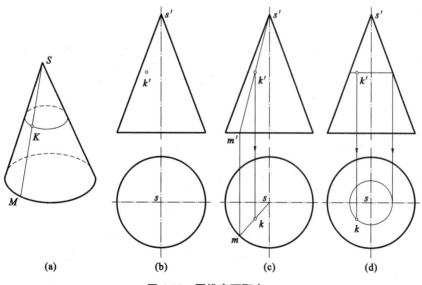

图 4-10 圆锥表面取点

②作图:在正面投影中,过 k' 作水平直线,即得纬圆的正面投影,按长对正关系作出纬圆的水平投影;由 k' 向下作垂线,即可作出纬圆水平投影上的点 k。

③判别可见性:因为点 K 是在圆锥面上,所以它的水平投影 k 一定可见。

4.2 平面与立体相交

平面与立体相交即立体被平面截切。截切立体的平面称为截平面,截平面与立体的表面交线称为截交线。截交线所围成的平面图形称为截断面,建筑图上称为断面。

截交线具有各种不同的形式,但都具有下列两个基本性质:

①立体表面占有一定的空间范围,因此截交线一般是闭合的平面图形。

②截交线是截平面和立体表面的共有线,截交线上的每一点都是截平面与立体表面的共有点。

求截平面与立体表面共有点的问题,实际上是求立体表面上棱线(平面立体)、直素线或纬圆(曲面立体)与截平面的交点。

根据立体类型的不同,平面与立体相交可分为平面与平面立体相交及平面与曲面立体相交两大类。

4.2.1 平面与平面立体相交

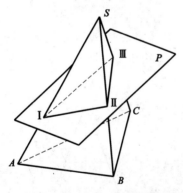

图 4-11 平面与平面立体的截交线

平面与平面立体相交时,其截交线是闭合的平面多边形。如图 4-11 所示,截平面 P 与三棱锥的截交线为三角形ⅠⅡⅢ。三角形的各顶点分别是截平面与三棱锥三条棱线的交点(Ⅰ、Ⅱ、Ⅲ)。三角形的三条边分别是截平面与三棱锥三个棱面的交线(ⅠⅡ、ⅡⅢ、ⅢⅠ)。求截交线的方法一般是:先求截平面与立体各棱线(或底边)的交点,再把位于立体同一表面上的两点连接起来,即得截交线。可见表面上的连线为实线,不可见表面上的连线为虚线。下面通过例题对有关求解方法进行讲解。

4.2.1.1 平面与棱锥相交

【例 4-5】 如图 4-12(a)所示,三棱锥被正垂面 P 截切,求作截交线的水平投影和侧面投影。

【解】(1)分析:如图 4-12 所示,截平面 P 的积聚投影为正面投影,P_V 与三棱锥的三条棱线相交,其截交线为三角形。由于截平面 P 为正垂面,有积聚性,因此可找出截交线三角形三顶点的正面投影 $1'$、$2'$、$3'$,然后根据直线上点的投影特性,直接求出截交线各顶点的水平投影和侧面投影。

(2)作图[图 4-12(b)]:①画出三棱锥的侧面投影;②从截交线各顶点的正面投影

$1'$、$2'$、$3'$向下作垂线，求出各顶点的水平投影 1、2、3；③ 从 $1'$、$2'$、$3'$向右作水平线，求出各顶点的侧面投影 $1''$、$2''$、$3''$；④ 将各顶点的同面投影依次相连，即得截交线的水平投影和侧面投影。

（3）判别可见性：本题是求三棱锥被截切后的水平投影，截交线的水平投影 △123 全部可见；因截平面 P 与右棱面 SBC 的交线 $2''3''$ 高于 P 面与左棱面交线 $1''2''$，故截交线的侧面投影 △$1''2''3''$ 也全部可见。

（4）完成全图：把截交线及未被切去各棱线的各面投影都用粗实线画出。

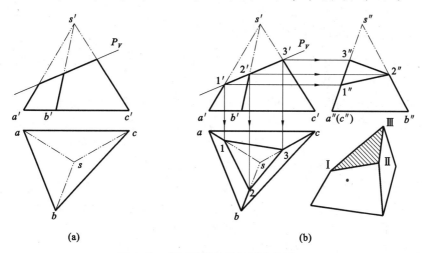

图 4-12　求三棱锥被截切后的投影

4.2.1.2　平面与棱柱相交

【例 4-6】　求图 4-13(a)所示三棱柱被平面 P 截切后的投影。

【解】　（1）分析：如图 4-13 所示，截平面 P 截切三棱柱的截交线为 △ABC，该三角形的三个顶点分别为截平面与三条棱线的交点。由于截平面 P 为正垂面，其正面迹线 P_V 有积聚性，截交线 △ABC 的正面投影与 P_V 重合，故 P_V 与三条棱线的交点 a'、b'、c'就是截交线 △ABC 三个顶点的正面投影。

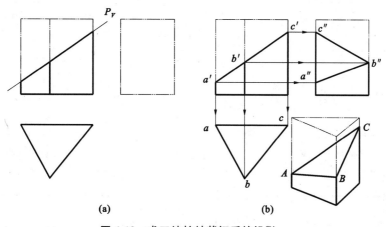

图 4-13　求三棱柱被截切后的投影

（2）作图［图 4-13(b)］:① 因三棱柱三条棱线的水平投影有积聚性,所以由 a'、b'、c' 即可作出水平投影 a、b、c;

② 由 a'、b'、c' 向右作水平线,可找到截交线的侧面投影 a''、b''、c'';

③ 依次连接 a''、b''、c'' 即得截交线的侧面投影。

（3）判别可见性:截交线的水平投影 $\triangle abc$ 全可见。因侧面投影中的 $b''c''$ 边高于 $a''b''$ 边,所以侧面投影中的 $\triangle a''b''c''$ 也全可见。从截交线的积聚投影 $a'b'c'$ 的倾斜方向也可看出 $\triangle a''b''c''$ 全可见。把可见轮廓线都画成粗实线,即完成全图。

4.2.2 平面与曲面立体相交

平面与曲面立体相交所得的截交线一般为闭合的平面曲线或平面曲线与直线围成的平面图形,特殊情况下是矩形和三角形。

截交线是截平面与回转体表面共有点的集合,所以求截交线的实质就是求回转体的素线(直素线、纬圆)与截平面的交点。为了准确地求出截交线的投影,应先求出特殊点(最高、最低、最左、最右、最前、最后等点)的投影,再在适当的位置画出一般点的投影,最后把特殊点的投影和一般点的投影连成截交线的投影。

为了使截交线的作图简便,截平面常选用有积聚性的平面。在这种情况下,回转面的素线与截平面交点的一个投影可以在截平面的积聚投影上找出。这些交点也都是回转面上的点。因此,可利用在回转面上取点的方法求出交点的另两个投影。

下面仅研究平面与圆柱、圆锥相交的问题。

4.2.2.1 平面与圆柱相交

根据截平面与圆柱轴线的相对位置不同,圆柱的截交线有三种情况,见表 4-1。

表 4-1   平面与圆柱的截交线

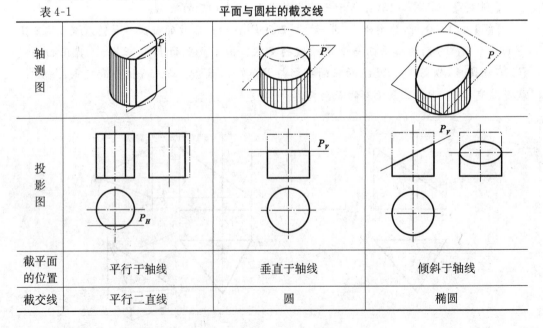

轴测图			
投影图			
截平面的位置	平行于轴线	垂直于轴线	倾斜于轴线
截交线	平行二直线	圆	椭圆

【例 4-7】 如图 4-14(a)所示,已知轴线垂直于 W 面的圆柱被正垂面 P 斜截,求截交

线的投影。

【解】 （1）分析：截平面 P 与圆柱轴线倾斜，其截交线为一椭圆，如图 4-14(a)所示。因为截平面 P 为正垂面，椭圆的正面投影积聚在 P_V 上，椭圆的侧面投影积聚在圆周上，所以本题只需求出椭圆的水平投影。在一般情况下（即 P_V 与轴线间的夹角 α 不等于 $45°$ 时），椭圆的水平投影仍为椭圆，但不是空间椭圆的实形。

（2）作图：如图 4-14(b)所示。

① 求特殊点。椭圆长短轴的端点都是特殊点。从图 4-14(a)中可以看出，截平面 P 与圆柱最高、最低素线的交点 A、B（正面投影为 a'、b'）就是长轴的两端点。本例中截平面 P 与圆柱轴线间的夹角小于 $45°$，长轴 AB 的水平投影 ab［图 4-14(b)］仍为水平投影中椭圆的长轴。P 面与圆柱最前、最后素线的交点 C、D 是椭圆短轴的两端点，短轴的长度等于圆柱的直径。

CD 的水平投影 cd 仍为水平投影中椭圆的短轴。根据椭圆长、短轴各端点的正面投影 a'、b'、c'、d' 可直接在圆柱的积聚投影圆周上求出 a''、b''、c''、d''，然后用已知点的二投影求第三投影的方法作出长、短轴各端点的水平投影 a、b、c、d，如图 4-14(b)所示。

② 求一般点。为使作图准确，需要在特殊点之间的适当位置作出一定数量的一般点（一般是在适当位置作出上下、前后或左右对称的四个一般点即可）。如图 4-14(b)所示，在正面投影上作出 $1'(2')$、$4'(3')$，它们的侧面投影 $4''$ 与 $3''$ 前后对称，$4''$ 与 $1''$ 上下对称，同样 $2''$ 与 $1''$ 也对称。作出 $1''$、$2''$、$3''$、$4''$ 以后，可作出椭圆一般点的水平投影 1、2、3、4 四点。

③ 连点。在水平投影中把特殊点和一般点依次光滑地连接起来，即得椭圆的水平投影。

（3）判别可见性：由于圆柱被截平面 P 切去了左上部分，故椭圆截交线的水平投影全部可见，用粗实线画出。

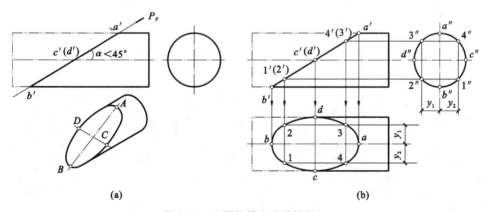

(a)　　　　　　　　　**(b)**

图 4-14　作圆柱截交线的投影

有时一个圆柱有几条截交线，解题时应分析它共有哪几条截交线，每条截交线应采用什么方法画出，然后逐一作出。

【例 4-8】 图 4-15(a)所示为有两条截交线圆柱的两个投影，求其第三投影。

【解】 （1）分析：如图 4-15(a)所示，圆柱的轴线垂直于 W 面，圆柱的左边被平行于轴线的水平面 P 截切，其截交线为平行两直线。圆柱又被倾斜于轴线的平面 Q 斜截，其截交线为椭圆。由于圆柱的侧面投影有积聚性，两个截平面的正面投影也有积聚性，故

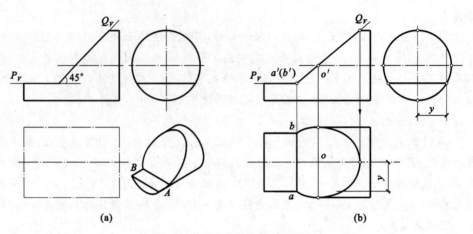

(a)   (b)

图 4-15   有两条截交线的圆柱

本题只需求出截交线的水平投影。截平面 P 的截交线的水平投影为平行于圆柱轴线的两直线。但截平面 Q 的截交线的水平投影并不是椭圆，而是圆，因为平面 Q 与圆柱轴线间的夹角恰巧为 $45°$。此时，截交线椭圆水平投影的长轴与该椭圆水平投影的短轴一样，都等于圆柱的直径，所以平面 Q 的截交线椭圆的水平投影变为圆。

（2）作图：作 P 面与 Q 面交线 AB 的水平投影 ab，根据侧面投影中的 y 值可确定 ab 的两端点，然后作出截平面 P 截交线的水平投影。从正面投影的 o' 向下作垂线求得 o，以 o 为圆心，以圆柱的半径为半径画圆。交 ab 于 a、b 两点，即完成 Q 面截交线的水平投影。应当注意：圆柱水平投影的转向轮廓线与圆周相切。

（3）判别可见性：两条截交线的水平投影均可见。

4.2.2.2   平面与圆锥相交

根据截平面与圆锥的相对位置不同，圆锥的截交线有五种，见表 4-2。

表 4-2   平面与圆锥的截交线

轴测图				
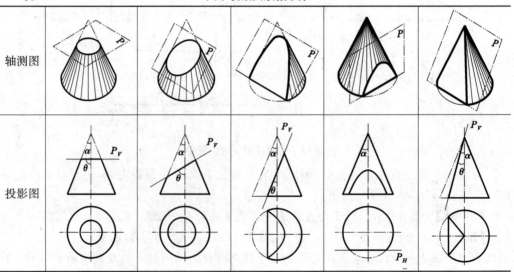				
投影图				

续表

截平面位置	垂直于轴线 $\theta=90°$	倾斜于轴线（与所有素线相交） $\theta>\alpha$	倾斜于轴线，平行于一条素线 $\theta=\alpha$	①平行于轴线 $\theta=0°$；②倾斜于轴线 $0<\theta<\alpha$	过锥顶 $\theta<\alpha$
截交线	圆	椭圆	抛物线	双曲线	相交二直线

【例 4-9】　如图 4-16(b)所示，求正垂面 P 与圆锥的截交线。

【解】　(1) 分析：如图 4-16(b)所示，截平面 P 与圆锥的所有素线都相交（$\theta>\alpha$），其截交线为一椭圆，如图 4-16(a)所示。椭圆的长轴 AB 为正平线，短轴 CD 为正垂线，且垂直平分长轴。本题要求作出截交线椭圆的水平投影。我们采用纬圆法求截交线上的点。

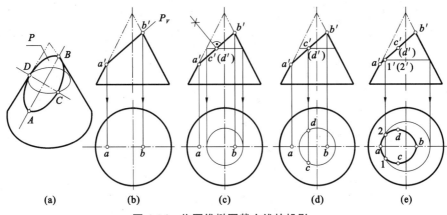

图 4-16　作圆锥椭圆截交线的投影

(2) 作图：① 求特殊点。椭圆长、短轴的端点 A、B、C、D 都是特殊点。如图 4-16(b)所示，P_v 与圆锥正面投影转向轮廓线的交点 a'、b' 是椭圆长轴的最左、最右点，也是最低、最高点。从 a'、b' 向下作垂线得 a、b。线段 $a'b'$ 的中点 $c'(d')$ 是椭圆短轴 CD 的积聚投影。如图 4-16(c)所示，过 $c'(d')$ 作纬圆（纬圆法）即可作出 c、d，如图 4-16(d)所示。

② 求一般点。在线段 $a'b'$ 的适当位置作一些点，如 $1'(2')$ 点，用纬圆法即可作出 1、2 点，如图 4-16(e)所示。

③ 连点。依次用光滑曲线连接水平投影中的各点，即得所求椭圆曲线。

(3) 判断可见性。由于椭圆位于圆锥面上，故其水平投影全部可见。

【例 4-10】　如图 4-17(a)所示，求圆锥的截交线。

【解】　(1) 分析：如图 4-17(a)所示，圆锥的截平面为侧平面。因截平面平行于圆锥轴线，故截交线为双曲线。只有侧面投影反映双曲线的特征，其余投影均积聚成直线。本题采用在圆锥表面上取点的方法（图 4-10）求截交线的侧面投影。

(2) 作图：① 求特殊点。离圆锥顶最近的点 C 为最高点，离圆锥顶最远的点 A、B 为最低点。点 C 在最左素线上，A、B 两点在圆锥底圆周上，如图 4-17(a)所示。所以，可由 c、c' 求出 c''，由 a'、b' 和 a、b 求出 a''、b''。

② 求一般点。在最高和最低点之间求一般点，其方法有纬圆法和直素线法。如图 4-17(a)所示，用纬圆法求一般点的方法为：在 c' 和 a' 之间任作一水平线，例如过 d' 作

水平线,此水平线就是过 d' 的纬圆的积聚投影,该圆的水平投影与截平面在 H 面上的积聚投影 ab 交于 d、e 两点,然后由 d'、(e') 和 d、e 求出 d''、e''。图 4-17(b)所示为用直素线法[图 4-10(b)、(c)]求一般点 D、E 的方法。从图 4-17 中可以看出,此题用纬圆法求截交线比用直素线法简单、准确。

③ 连点。依次光滑地连接各点即得所求双曲线。

(3) 判别可见性:双曲线的侧面投影全部可见。

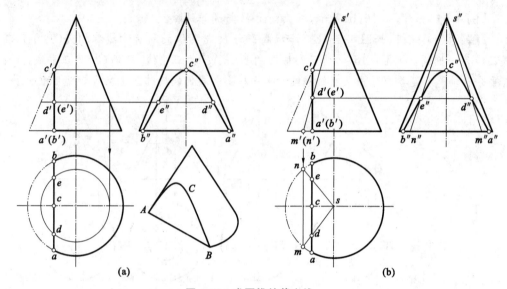

图 4-17　求圆锥的截交线

4.3　立体与立体相交

两立体相交时,它们的表面交线称为相贯线。相贯线是两立体表面的共有线。相贯线上的点是两立体表面上的共有点。因为立体有一定的范围,所以相贯线一般是闭合的。立体有平面立体和曲面立体两类,它们之间的相交情况有两平面立体相交、平面立体与曲面立体相交及两曲面立体相交三种。

4.3.1　两平面立体相交

两平面立体相交所得的相贯线一般是闭合的空间折线或平面多边形,但当两平面立体共面(例如共底面)时,其相贯线不闭合。在图 4-18 中,相贯线 I II III IV V VI I 就是闭合的空间折线,折线的各直线段是两平面立体相应平面的交线。折线的各顶点是一个平面立体的棱线(或底面边线)与另一平面立体的贯穿点(直线与立体表面的交点常称贯穿点)。

连接共有点的原则是:只有既在甲立体的同一棱面上,又在乙立体的同一棱面上的两点才能相连,同一棱线上的两个贯穿点不能相连。如图 4-18(b)所示,点 II 和点 V 同为棱线 SB 上的两点,不能相连。

相贯线可见性判别的原则是:只有当相贯线位于两立体都可见的棱面上时,该段相贯线才可见;某段相贯线所在的两棱面中,只要有一棱面不可见,则该段相贯线不可见。

求两平面立体相贯线的方法,常用的有辅助平面法和辅助直线法。

求两平面立体相贯线的步骤一般有:

① 搞清楚两立体的空间位置,确定它们参与相交的棱面和棱线。

② 求出参与相交棱线与棱面的交点。

③ 按连接共有点的原则依次连接各点。

④ 按判别相贯线可见性的原则,判别相贯线的可见性。

由于相贯两立体被看作一个整体(常称相贯体),故一个立体的棱线穿入另一个立体内部的部分实际上是不存在的,在投影图中这些线不应画出。

【例 4-11】 如图 4-18(a)所示,已知四棱柱与四棱锥相交,求作相贯线。

【解】 (1)分析:首先要搞清楚两立体的空间位置。如图 4-18(a)所示,四棱柱和四棱锥前后、左右结构对称。由于四棱柱的四个棱面均垂直于 V 面,其正面投影具有积聚性,而四棱柱与四棱锥的棱线 SA、SC 不相交,因此四棱柱是全部贯穿四棱锥的,这种情况称为全贯。全贯一般有两组相贯线,如图 4-18(b)所示,前一组相贯线Ⅰ Ⅱ Ⅲ Ⅳ Ⅴ Ⅵ Ⅰ是四棱柱四个棱面与四棱锥前两个棱面 SAB 和 SBC 相交所得的一组闭合的空间折线,后一组相贯线与此相同。

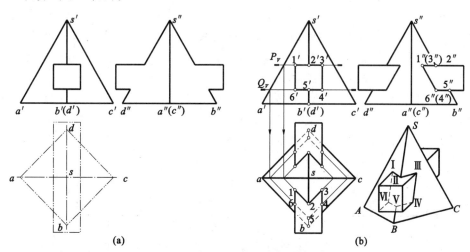

图 4-18 求四棱柱与四棱锥的相贯线

(2)作图:如图 4-18(b)所示,用辅助平面法作图如下。

① 求四棱柱四条棱线与四棱锥的四个交点Ⅰ、Ⅲ、Ⅳ、Ⅵ。为此,包含Ⅰ、Ⅲ两棱线作水平辅助面 P(投影图上为 P_V),包含Ⅳ、Ⅵ两棱线作水平辅助面 Q(投影图上为 Q_V)。在水平投影中,两水平辅助面分别与四棱锥相交得两个正方形截交线,如平面图中所示的两个细实线正方形。正方形的四边分别平行于四棱锥底边。四棱柱四条棱线与四棱锥前两棱面交点的水平投影为 1、3、4、6。

② 求出四棱锥的棱线 SB 与四棱柱顶面和底面的交点Ⅱ(2,2′,2″)和Ⅴ(5,5′,5″)。

③ 依次连接各交点(贯穿点)。应当注意,根据前述连点原则,图 4-18(b)中的点Ⅰ

和点Ⅱ既是四棱锥 SAB 棱面上的两点又是四棱柱顶面上的两点,所以点Ⅰ和点Ⅱ可以相连,而点Ⅰ和点Ⅲ不能相连。点Ⅱ和点Ⅴ是同在棱线 SB 上的两个贯穿点,也不能相连。

④ 利用三等规律可作出相贯线的侧面投影。

(3)判别可见性:按前述相贯线可见性的判别原则判别,例如ⅠⅡ的水平投影12可见,而ⅤⅥ是在四棱柱底面内的线,其水平投影56不可见,应画成虚线。

用同样方法可作出四棱柱与四棱锥相交时后面的一组相贯线。

上例介绍了两平面立体相交时常用的辅助平面法求相贯线。下面是用辅助直线法求相贯线的实例。

【例 4-12】 如图 4-19(a)所示,已知烟囱和坡屋面的水平投影以及坡屋面和部分烟囱的正面投影。试求烟囱与坡屋面的相贯线。

【解】 (1)分析:如图 4-19(b)所示,本例是求烟囱与坡屋面相贯线的问题。因烟囱的四条棱线均为铅垂线,故可利用求铅垂线与平面交点的方法(详见图 3-39 及有关说明)求出相贯线的正面投影。因此法的实质是在平面内作辅助直线取点的方法,故又称为辅助直线法。

(2)作图:如图 4-19(c)所示。① 在水平投影中,烟囱四条棱线的积聚投影 a、b、c、d,就是烟囱四条棱线与坡屋面四个交点的水平投影。任过其中一点,如过点 a 作辅助直线交檐口线于点1,交屋脊线于点2。② 根据直线上点的投影特性,可求出正面投影中的 $1'$、$2'$。直线 $1'2'$ 与烟囱相应棱线的交点 a',就是棱线与坡屋面交点的正面投影。同理,可作出其余三棱线贯穿点的正面投影 b'、c'、d'。③ 依次连接 a'、b'、c'、d',即可作出相贯线的正面投影并完成烟囱的正面投影。

在实际作图中,只需求出正面投影的 $a'b'$,就能作出 $d'c'$,如图 4-19(c)所示。因为烟囱的前后棱面与坡屋面均垂直于 W 面,前后棱面与坡屋面的交线 AD、BC 都是侧垂线,因此 $a'd'$∥$b'c'$∥OX(侧垂线的投影特性)。所以,只要作出 $a'b'$ 就能作出 $d'c'$。

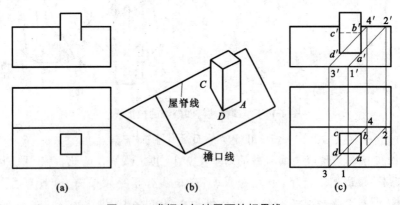

图 4-19 求烟囱与坡屋面的相贯线

4.3.2 平面立体与曲面立体相交

平面立体与曲面立体相交所得的相贯线,一般是由几段平面曲线或直线与平面曲线组成的闭合线。相贯线上的每一段平面曲线或直线都是平面立体的一个棱面与曲面立体表面的截交线。如图 4-20(c)中,四棱柱与圆锥相交,相邻两段平面曲线的交点 B、A 和 E 等都是平面立体的一条棱线与曲面立体表面的交点,这种交点称为贯穿点。因此,求平面立体与曲面立体的相贯线,可归结为求截交线和贯穿点的问题。

【例 4-13】 如图 4-20 所示,求四棱柱与圆锥的相贯线。

【解】 (1)分析:建筑中的圆锥薄壳基础多为平面立体与圆锥相交的相贯体。如图 4-20 所示,由于四棱柱的四个棱面均平行于圆锥轴线,故其相贯线是四条双曲线组成的空间闭合线。四条双曲线的连接点都是四棱柱的四条棱线与圆锥面的交点。由于四棱柱的四个棱面均垂直于 H 面,相贯线的水平投影都积聚在四棱柱的水平投影上,故本例只需求出相贯线的正面投影和侧面投影。

(2)作图:如图 4-20(b)所示。

① 求最高点:前、后双曲线(前后对称)的最高点 C[图 4-20(c)]是圆锥最前、最后素线与四棱柱前、后棱面的交点。左、右双曲线(左右对称)的最高点 D、D_1[图 4-20(b)、(c)]是圆锥最左、最右素线与四棱柱左右棱面的交点。根据点的投影规律,可由 c'' 向左作水平线求得 c',同理可由 d' 向右作水平线求得 $d''(d_1'')$。

② 求最低点:如图 4-20(b)所示,四条双曲线的四个连接点都是距锥顶 S 最远的点,所以它们都是双曲线的最低点,而且该四个连接点位于同一纬圆上,如图 4-20(b)所示,所以四点同高。四棱线的水平投影都有积聚性,点 A 的水平投影 a 与 s 相连延长后与圆锥底圆交于点 1,由直线 $s1$ 可作出直线 $s'1'$,再由 $s'1'$ 作出四棱柱棱线与圆锥面的交点 a',再由 a' 向右作水平辅助线,可求得 b' 和侧面投影中的 e'' 和 a''。图 4-20(b)中的细实线圆是四棱线与圆锥的四交点所在的纬圆,作出该圆的正面投影(水平细实线)后,也可作出最低点 a'、b'。

③ 求一般点:可用直素线法在双曲线的最高、最低点之间作出适当的一般点。例如,在水平投影 ac 之间过点 f 作直线 $s2$,由 $s2$ 求出 $s'2'$。再由 f 向上作垂线交 $s'2'$ 得 f',f' 即为一般点。过 f' 作水平线可得与其对称的点 g'。同理可在侧面投影 d'' 与 e'' 之间作出一般点。

④ 连点:把各双曲线上的特殊点和一般点依次光滑连成相贯线。

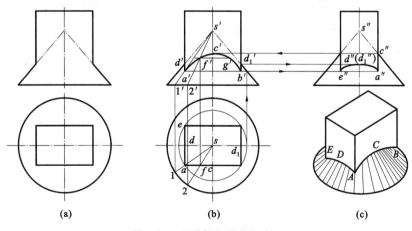

图 4-20 四棱柱与圆锥相交

4.3.3 两曲面立体相交

两曲线立体相交所得的相贯线一般是闭合的空间曲线,特殊情况下是直线、圆或椭圆等。相贯线上的点是两曲面立体表面上的共有点。求作相贯线的投影时,首先要作出两曲面立体上一系列共有点的投影,然后依次光滑地连成曲线。在连点时,应表明可见性。可见性判别的原则是:只有同时位于两立体可见表面上的相贯线,其相应的投影才可见。求两曲面立体共有点的常用方法有表面取点法和辅助平面法。当两曲面立体的投影有积聚性时,用表面取点法求其相贯线较好。本书只介绍用表面取点法求两曲面立体的相贯线。

4.3.3.1 表面取点法

两曲面立体相交,如果其中一个立体的一个投影有积聚性,就表明相贯线的该投影为已知。可利用曲面上点的一个投影,通过作辅助线求其余投影的方法,找出相贯线上各点的其余投影。如果有两个投影有积聚性,即相贯线的两个投影为已知,则可利用已知点的第二投影求第三投影的方法求出相贯线上的第三投影。具体作图时,先在积聚投影上标出相贯线上的一些点,以便作图。

【例 4-14】 如图 4-21(a)所示,求两圆柱的相贯线。

【解】 (1)分析:如图 4-21(a)所示,大小圆柱的轴线垂直相交。小圆柱的所有素线都与大圆柱的表面相交,相贯线是一闭合的空间曲线。小圆柱的轴线是铅垂线,该圆柱面的水平投影积聚为圆。相贯线的水平投影积聚在此圆周上。又因大圆柱的轴线是侧垂线,其相贯线的侧面投影积聚在大圆柱侧面投影的圆周上,但不是整个圆周,而是两圆柱投影的重叠部分,即 $2''\sim4''$ 的一段圆弧,如图 4-21(b)所示。由此可知,该相贯线上各点的两个投影为已知,只需求出相贯线的正面投影。又因两圆柱前后对称,相贯线也前后对称,又因相贯线的后半部分被完全遮住了,故只需画出相贯线正面投影的可见部分。

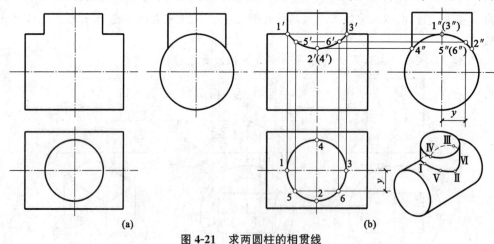

图 4-21 求两圆柱的相贯线

(a)已知条件;(b)作图

(2)作图。

① 求特殊点。相贯线的特殊点是指相贯线上最高、最低、最前、最后、最左、最右点及

可见与不可见部分的分界点。这些特殊点一般为一曲面立体各视向的转向轮廓线与另一曲面立体的表面交点。若两曲面立体的轴线相交且均平行于某一投影面,则它们在该投影面上有关转向轮廓线的交点就是特殊点。在图 4-21(b)中,正面投影中转向轮廓线的交点Ⅰ、Ⅲ是相贯线的最左、最右点,也是最高点;小圆柱侧面投影中转向轮廓线与大圆柱的交点Ⅱ、Ⅳ是最前、最后点,也是最低点。由于相贯线有两个投影为已知,故Ⅰ、Ⅲ、Ⅱ、Ⅳ四点的水平投影和侧面投影均为已知,由此可求出它们的正面投影 1′、3′、2′、(4′)。

② 求一般点。根据作图需求,可求出适当数量的一般点,本例取Ⅴ、Ⅵ两点。在侧面投影两圆柱投影重叠处的前半圆弧 2″~1″之间,取其中一点 5″(6″),按点的投影规律即可求出它们的水平投影 5、6 和正面投影 5′、6′。

③ 连点。根据水平投影各点在小圆柱积聚投影圆周上的位置,依次光滑地连接各点即得相贯线的正面投影。

(3) 判别可见性。因大小圆柱的前半圆柱都是可见的,所以它们相贯线的正面投影可见,画成粗实线。

两圆柱表面相交,可能是两外表面相交,也可能是两内表面相交,还可能是内外表面相交。

图 4-22(a)所示为两圆柱外表面相交,产生外相贯线;图 4-22(b)所示为两圆柱孔(内表面)相交,产生内相贯线;图 4-22(c)所示为圆柱与圆柱孔相交,属外表面与内表面相交,产生外相贯线。

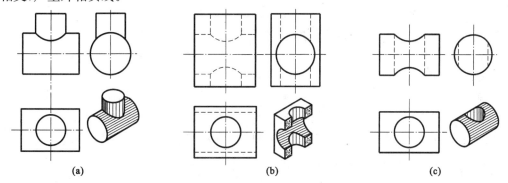

图 4-22 两圆柱相交的三种情况

(a) 两外表面相交;(b) 两内表面相交;(c) 内、外表面相交

上述三种情况下的相贯线,由于相交的基本性质(表面形状、直径大小、轴线的相对位置、两轴线与投影面的相对位置)不变,因此每组图中相贯线的形状特点都相同,其作图方法也相同。

【例 4-15】 如图 4-23(a)所示,求廊道主洞和支洞内表面的相贯线。

【解】 (1) 分析。图 4-23(a)所示为廊道主洞与支洞相交的单线图(工程上把供立模板用的内表面图称为单线图)。本例实际上是求两轴线正交且均平行于 H 面,而直径大小不同两半圆柱的相贯线,以及两个大小廊道的内侧表面交线,如图 4-23 中的立体图所示。因为相贯线的正面投影和侧面投影都有积聚性,所以只需求出相贯线的水平投影。

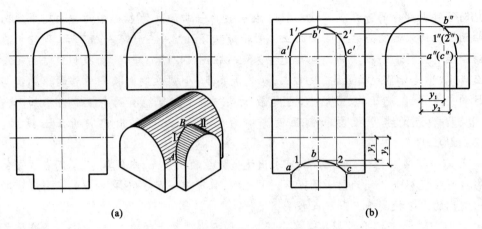

(a)　　　　　　　　　　　　　　　　(b)

图 4-23　求廊道主洞和支洞的相贯线

(2) 作图。

① 求特殊点。如图 4-23(b)所示,在正面投影中,小圆柱的最高素线与大圆柱面的交点 b' 就是相贯线的最高点,小圆柱最低两素线与大圆柱面的交点 a'、c' 就是相贯线的最低点。② 求一般点。在最低点 a' 与最高点 b' 之间的一段圆弧上,任作点 $1'$ 及与点 $1'$ 对称的点 $2'$,则为一般点。根据点的投影规律,可求得相贯线的水平投影 a、1、b、2、c 各点。③ 连点。依次光滑地连接 a、1、b、2、c 各点,即得相贯线的水平投影 $a1b2c$。

(3) 判别可见性。因为大小两半圆柱的水平投影均可见,所以其相贯线的水平投影可见,画成粗实线。

4.3.3.2　两曲面立体相贯线的特殊情况

(1) 相贯线是直线

两圆柱的轴线互相平行,相贯线是直线,如图 4-24 所示。

(2) 相贯线是圆

同轴回转体相贯时,其相贯线为圆。如图 4-25 所示,圆柱与圆锥相贯,其相贯线为大小两个圆,这两个圆的水平投影均反映圆的实形。它们的正面投影均积聚成水平直线,都与圆柱的顶面和底面投影重合。

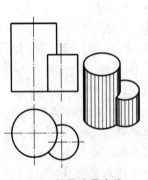

图 4-24　相贯线是直线

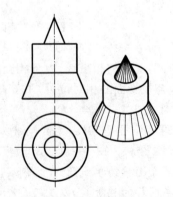

图 4-25　相贯线是圆

（3）相贯线是椭圆

当相交两立体的表面为二次曲面（如圆柱面、圆锥面等）且公切于同一球面时，其相贯线为两个椭圆。若曲线所在平面与某投影面垂直，则在该投影面上的投影为一直线段，如图 4-26 所示。

① 当轴线相交两圆柱的直径相等且公切于同一球面时，其相贯线是两个椭圆。轴线正交时相贯线是大小相等的两椭圆，如图 4-26（a）所示。轴线斜交时相贯线是大小不等的两椭圆，如图 4-26（b）所示。

② 当圆锥与圆柱公切于同一球面且它们的轴线斜交时，相贯线是大小不等的两个椭圆或一个椭圆。图 4-26（c）所示为一个椭圆，它是一个漏斗的单线圆。

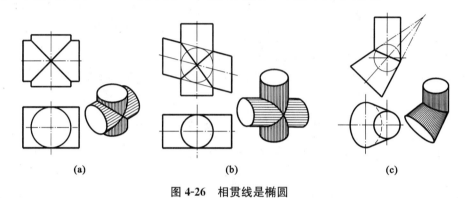

（a）　　　　　　　　　（b）　　　　　　　　　（c）

图 4-26　相贯线是椭圆

【复习思考题】

4-1　棱柱、棱锥、圆柱、圆锥的投影有哪些特性？

4-2　在棱柱、棱锥的表面上取点，常用的方法有哪些？

4-3　在圆柱、圆锥表面取点各用什么方法？

4-4　平面与平面立体相交时截交线是什么性质的线？ 如何作图？

4-5　圆柱、圆锥的截交线各有哪几种情况？ 如何作图？

4-6　试举工程实例说明用辅助直线法求两平面立体相贯线的方法。

4-7　平面立体与曲面立体的相贯线是什么性质的线？试举一工程实例说明其作图方法。

4-8　试述用表面取点法求两正交圆柱相贯线的方法与步骤。

4-9　两曲面立体相贯线在特殊情况下是什么样的线？ 其产生的条件是什么？

5 组 合 体

5.1 概　述

任何复杂的物体都可以看作由一些基本形体组成,这些基本形体包括棱柱、棱锥等平面立体和圆柱、圆锥等曲面立体。由两个或两个以上基本形体组成的形体称为组合体。本章着重介绍组合体的画法、尺寸标注及识图(即读图)的方法。

5.1.1　组合体的组合方式

组合体的组合方式一般有叠加、切割和综合三种。

5.1.1.1　叠加型

叠加型组合体可看作由几个基本形体叠加而成。如图 5-1(a)所示的组合体,可看作由Ⅰ、Ⅱ两个基本形体叠加而成。

5.1.1.2　切割型

切割型组合体可以看作一个基本形体被一些平面或曲面切割而成。图 5-1(b)所示的组合体可看作一个长方体被一个正垂面切去基本形体(三棱柱)Ⅰ后,再用一个正平面和一个水平面切去基本形体(斜四棱柱)Ⅱ而形成的。

5.1.1.3　综合型

综合型组合体可看作由基本形体叠加和切割而成。构成综合型组合体时,可先叠加后切割,也可先切割后叠加。

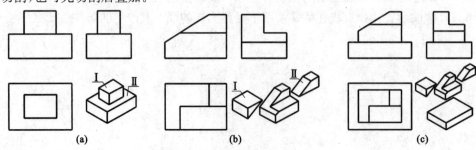

图 5-1　组合体的组合方式

(a) 叠加;(b) 切割;(c) 综合

应当指出的是,一般情况下,叠加型组合体与切割型组合体并无严格的界限。在对同一个组合体进行形体分析时,某些组合体既可按叠加型分析,又可按切割型分析。

5.1.2　组合体的表面连接形式

组合体中基本形体之间的表面连接形式有平齐、相交和相切三种。

5.1.2.1　平齐

当形体的两表面平齐(即共平面或共曲面)时,其连接处不存在分界线,如图5-2(a)、(b)所示。当形体的两表面不平齐(即不共面)时,其连接处就存在分界线,如图5-2(c)所示。

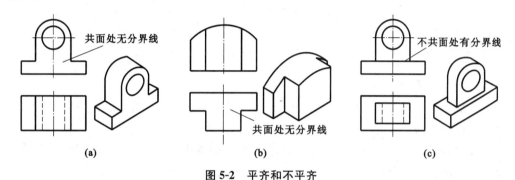

图5-2　平齐和不平齐

(a) 平齐(共平面);(b) 平齐(共曲面);(c) 不平齐(不共面)

5.1.2.2　相交

两形体的表面彼此相交,在相交处有交线(截交线或相贯线),该交线是不同立体两个表面的分界线。画图时,必须正确地画出交线的投影,如图5-3所示。关于两形体表面交线的问题详见第4章。

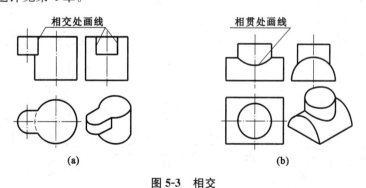

图5-3　相交

(a) 截交线;(b) 相贯线

5.1.2.3　相切

只有当一形体的平面或曲面与另一形体的曲面连接时,才存在相切的问题。图5-4(a)所示为平面与曲面相切,图5-4(b)所示为曲面与曲面(半圆球面与圆柱面)相切。因为在相切处两表面光滑过渡,不存在分界线,所以相切处不画线,如图5-4中引出线所指处。

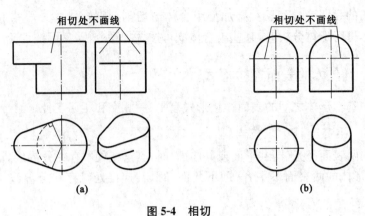

图 5-4 相切

5.1.3 组合体的三视图

5.1.3.1 三视图的形成

按国家统一制图标准,形体向投影面作正投影所得的图形称为视图。因此,形体在三投影面体系中的三面投影称为三视图。正面投影称为主视图,水平投影称为俯视图,侧面投影称为左视图。但在房屋建筑制图中,根据建筑制图标准的规定,主视图称为正立面图,俯视图称为平面图,左视图称为左侧立面图,如图 5-5(a)、(b)所示。

5.1.3.2 三视图的配置

对于三视图的位置配置,以正立面图为基准,平面图在正立面图的下方,左侧立面图在正立面图的右方,如图 5-5(b)所示。画图时,组合体各视图的投影轴和投影连线一并隐去。

5.1.3.3 三视图的投影对应关系

虽然在画三视图时隐去了投影轴和视图的投影连线,但三视图之间的投影对应关系(即投影规律)仍保持不变,即正立面图、平面图长对正,正立面图、左侧立面图高平齐,平面图、左侧立面图宽相等,如图 5-5(c)所示。该三等规律是画图和读图必须遵循的基本规律。

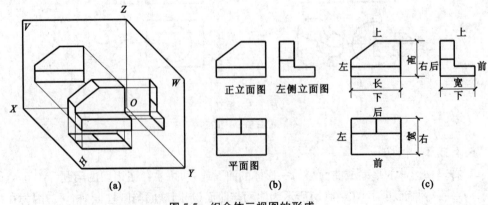

图 5-5 组合体三视图的形成

5.2　组合体视图的画法

画组合体视图的步骤一般分为形体分析、视图选择、选择比例、确定图幅、布置视图、画视图底图、检查和加深图线、标注尺寸、填写标题栏等。下面以图 5-6 所示的台阶为例说明作图步骤。

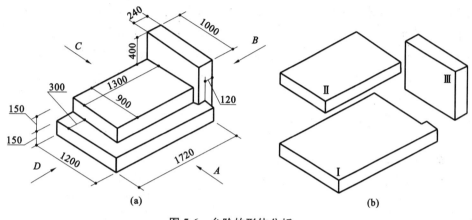

图 5-6　台阶的形体分析

5.2.1　形体分析

假想把组合体分解为若干基本形体,并分析它们的组合方式(叠加型、切割型等)、各基本形体之间的相对位置及它们的表面连接形式(平齐、相交、相切),从而弄清各基本形体和组合体的形状特点,明确相应视图的画法。

图 5-6(a)所示为一个台阶,可认为是叠加型组合体。将它分解为带缺口的踏板Ⅰ和叠加在踏板Ⅰ之上的踏板Ⅱ,以及在两踏板右边的栏板Ⅲ,如图 5-6(b)所示。该组合体的后端面是平齐的(三块板共面)。

5.2.2　视图选择

视图选择包括正立面图的选择和视图数量的确定。

5.2.2.1　正立面图的选择

在形体的一组视图中,正立面图是主要视图,应首先考虑。对于正立面图的选择,一般应考虑下列要求:

① 组合体的安放位置。组合体应按自然位置或工作位置安放。如图 5-6 所示的台阶,其踏板Ⅰ在下,踏板Ⅱ在上,这就是按工作位置安放的。

② 投射方向的选择。一般选择能尽量反映各组成部分的形状特征及其相互位置关系的方向为正立面图的投射方向,然后使组合体的大部分表面(包括对称形体的对称面)平行于投影面,如图 5-7(a)所示。

③ 尽量减少视图中的虚线,有条件地合理利用图纸。若组合体选用三个视图,且考

虑选择正立面图有困难时,可考虑合理利用图纸的问题。只要使组合体长的方向平行于 *OX* 轴,就能符合合理利用图纸的要求。如图 5-8 中的台阶,选用了三个视图,其正立面图和左侧立面图形状特征的明显度都差不多。这时,就应考虑通过合理利用图纸的要求来确定正立面图的投射方向,如图 5-8(e)所示。

④ 专业图的表达习惯。房屋建筑图中,常把房屋的正面作为正立面图。

如图 5-6 所示的台阶,从 *A*、*B*、*C*、*D* 四个方向投影所得的四组视图中,图 5-7(a)、(c)所示两组视图中正立面图的形状特征都比较明显,但图 5-7(c)中视图的虚线很多,不宜选用;图 5-7(b)、(d)所示两组视图中,它们正立面图的形状特征有些不明显,并且它们视图中的虚线也较多。若选用三个视图,图 5-7(b)、(d)两组视图也不符合合理利用图纸的要求,所以 *B*、*D* 两个方向不应选用。综上所述,台阶应选定 *A* 向为正立面图的投射方向。

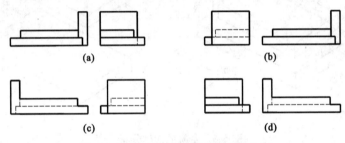

图 5-7 台阶正立面图投射方向的选择

(a) *A* 向;(b) *B* 向;(c) *C* 向;(d) *D* 向

5.2.2.2 视图数量的确定

确定视图数量的原则是:配合正立面图,在完整、清晰地表达形体形状的前提下,视图数量应尽量少。在通常情况下,表达组合体选用三个视图,形状简单的形体可以选用两个视图。如果标注尺寸,则有的形体(如圆柱)只用一个视图表达就可以了。

根据上述情况,图 5-6 所示的台阶宜选用三个视图,如图 5-8(e)所示。

5.2.3 选择比例,确定图幅,布置视图

根据形体的大小和复杂程度选定比例。如果形体较小或较复杂,则应选用较大的比例,一般组合体最好选用 1∶1 的比例。根据视图所需要的图纸面积(包括视图的间距和标注尺寸的位置)选用标准图幅,画出图框和标题栏。

每个视图在图纸上的位置由它两个方向的作图基准来决定。将各视图每个方向的最大尺寸(包括标注尺寸所占位置)作为视图的边界,可用计算的方法留出视图的间距,将视图布置得均匀、美观。为了便于量度尺寸,画图前最好先把组合体高、长、宽三个方向的基准画出。一个视图有两个方向的基准,一般以组合体的底面、主要侧面或对称平面为基准。图 5-8(a)所示为台阶高、长、宽三个方向的基准。其中,正立面图的高向基准为台阶的底面,长向基准为台阶的左侧面;平面图的长向基准与立面图的相同,平面图的宽向基准为台阶的后侧面;左侧立面图的宽向基准与平面图相同,但在左侧立面图中该基准表现为一竖直线,左侧立面图的高向基准与正立面图的相同。

5.2.4 画视图底稿

各视图的位置确定后,用细实线依次画出各基本形体的视图底稿(底稿图常简称底稿)。画底稿时,应该注意以下各点:

① 画底稿的先后顺序一般是:先大形体后小形体,先特征后其他,先主要后次要,先整体后局部,先实线后虚线。

② 根据组合体的组合方式,画其底稿的方式一般有两种。

a. 先画完一个基本形体的三视图后,再画第二个基本形体的三视图,如图 5-8 所示。

b. 先画完组合体的一个视图后,再画该组合体的其余两个视图。

③ 为了提高绘图速度和保证视图绘制的准确性,画图时通常不是画完一个视图之后再考虑画另外一个视图,而是按三等规律将形体的有关视图配合作图。如画正立面图或左侧立面图时同时考虑"高平齐",画平面图或左侧立面图时同时考虑"宽相等",如图 5-8 所示。

④ 应当指出,组合体实际上是一个整体,形体分析是假想的。当将组合体分解成各基本形体后又还原为组合体时,若有两个基本形体的表面平齐,即共面,则在共面处不画线,如图 5-2(a)、(b)所示。图 5-6 所示台阶可认为是以叠加型为主的综合型组合体,该形体可用两种方式画图。先用第一种方式画台阶的视图:按先大形体后小形体的顺序,先画踏板Ⅰ的三个视图,在该三视图中按先特征后其他的顺序,先画踏板Ⅰ的平面图,后画它的其余两视图,如图 5-8(b)所示。同法依次画出踏板Ⅱ和栏板Ⅲ的各视图,如图 5-8(c)、(d)所示。所有上述各图都应按先实线后虚线的顺序画图。若台阶采用第二种方式画图,则可按先主要后次要的顺序,先画台阶的正立面图,后画其他两个视图。应当注意,画图时应按三等规律把水平线、竖直线成批地画出。

5.2.5 检查、加深图线

底稿画完后,用形体分析法和三等规律逐个检查各基本形体的投影及其相对位置是否正确。检查无误后,用规定线型加深,如图 5-8(e)所示。

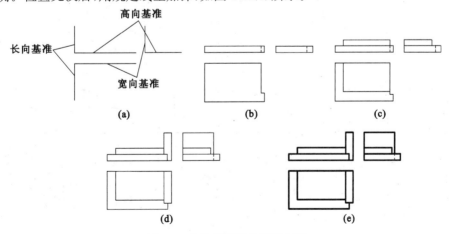

图 5-8 台阶三视图的画图步骤

(a) 画基准线;(b) 画踏板Ⅰ;(c) 画踏板Ⅱ;(d) 画栏板Ⅲ;(e) 检查加深

5.2.6 标注尺寸

标注尺寸的方法详见 5.3.2 小节有关内容。

5.2.7 填写标题栏

填写标题栏的各项内容后完成全图。

【例 5-1】 试绘制如图 5-9(a)所示组合体的视图。

【解】 (1) 形体分析

图 5-9(a)所示组合体是切割型组合体。切割型组合体可按先整体后局部的顺序画图。画图时可按各视图的最大边界假定它是一个长方体 I，如图 5-9(c)所示。第一次用平面 P 将长方体 I 切去一三棱柱 III，如图 5-9(d)所示。第二次用正平面 Q 和水平面 R 把带斜切口的四棱柱 II 切去一块带斜面的四棱柱 IV，如图 5-9(e)所示。最后剩下的形体如图 5-9(b)所示。

(2) 视图选择

① 正立面图的选择。对于图 5-9(a)所示形体，选择 A 向所得视图和选择 B 向所得视图的形状特征都比较明显。这时，选择投射方向就要考虑合理利用图纸的要求了。在作图时，只要使组合体长的方向与 OX 轴平行就能达到要求，所以本题将 A 向作为正立面图的投射方向。

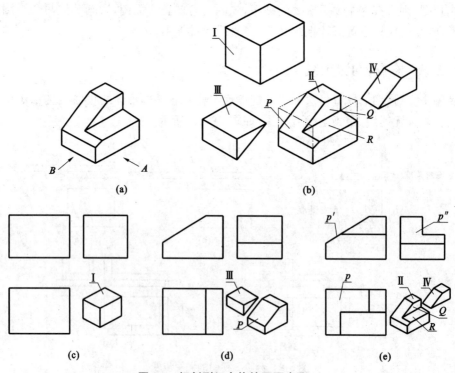

图 5-9 切割型组合体的画图步骤

② 视图数量的确定。按确定视图数量的原则,选用三个视图表达图 5-9(a)所示组合体。

(3) 选定比例和布置视图

选用 1∶1 的比例,按 5.2.3 小节的规定布置视图。

(4) 画视图底图

① 按切割的顺序,画出切割前假想长方体的三视图,如图 5-9(c)所示。

② 画第一次切割后的三视图,如图 5-9(d)所示。

③ 画第二次切割后的三视图,如图 5-9(e)所示。

画图时,按先主要后次要、先特征后其他的顺序画三个视图。所画三视图必须遵循长对正、高平齐、宽相等的三等规律。

(5) 检查、加深

用三等规律检查切割后形体的投影是否正确,检查无误后加深。

5.3　组合体视图的尺寸标注

在工程制图中,除了用视图表达组合体的形状、结构外,还必须通过尺寸标注来反映形体大小和各基本形体之间的相对位置关系。在建筑工程施工中,必须以尺寸数字为依据,即使视图所用比例为 1∶1,也不能直接从视图上量取尺寸。

组合体是由基本形体组成的,为了标注组合体的尺寸,应先了解基本形体的尺寸标注。

5.3.1　基本形体的尺寸标注

标注基本形体的尺寸时,应按形体的形状特点,将形体长、宽、高三个方向的尺寸完整地标注在有关视图上,但应注意不要遗漏,也不要重复(一个尺寸同时在两个视图上标注称为重复)。根据基本形体的形状特点,其可分为一般基本形体的尺寸标注和带切口(或斜截面)基本形体的尺寸标注两种,分述如下。

5.3.1.1　一般基本形体的尺寸标注

一般基本形体的尺寸标注如图 5-10(a)、(b)所示;正六棱柱和圆环常按图 5-10(c)、(d)所示形式标注;回转体一般将直径和轴向尺寸集中标注在非圆视图上,如图 5-10(e)、(f)、(g)所示;若标注圆球直径,则需要在直径符号"ϕ"前面加注符号"S",如图 5-10(h)所示。

5.3.1.2　带切口(或斜截面)基本形体的尺寸标注

图 5-11 所示为带切口(或斜截面)基本形体的尺寸标注示例。除了标注基本形体的大小尺寸(定形尺寸)以外,还应标注确定截平面位置的尺寸(定位尺寸)。由于截平面与形体的相对位置确定后,截交线的位置就完全确定了,故截交线的尺寸无须另外标注,如图 5-11 中打"×"的尺寸是多余尺寸,不用标注。

同理,如果两基本形体相贯,也只需分别标注两者的定形尺寸和它们的定位尺寸,不要标注相贯线的尺寸。

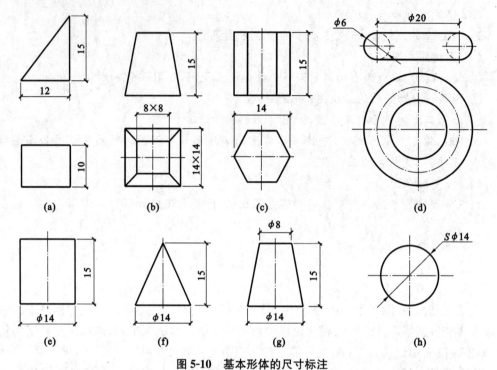

图 5-10　基本形体的尺寸标注

(a) 三棱柱;(b) 四棱台;(c) 正六棱柱;(d) 圆环;(e) 圆柱;(f) 圆锥;(g) 圆台;(h) 圆球

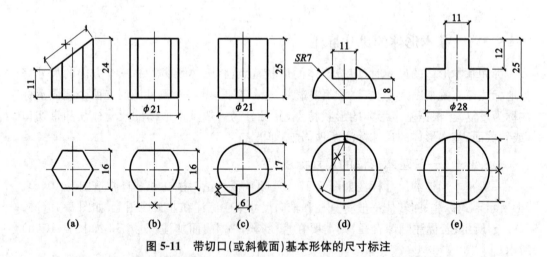

图 5-11　带切口(或斜截面)基本形体的尺寸标注

5.3.2　组合体的尺寸标注

在组合体视图上标注尺寸的基本要求是齐全、清晰、正确、合理。下面分别讨论这些要求。

5.3.2.1　尺寸标注要齐全

尺寸标注齐全是指视图上标注的尺寸,能完全确定形体的大小和各基本形体的相对位置,做到不遗漏、不重复、不封闭(同一视图中标注了总尺寸时,把各部分尺寸中一个不重要的尺寸不标注称为不封闭)。但在房屋建筑图中,为了便于施工,标注尺寸时同方向的尺寸首尾相连,布置在同一条尺寸线上,并且通常标注封闭尺寸。

在标注尺寸之前,应对组合体进行形体分析,并按标注尺寸的基本要求注出下列三种尺寸。

(1) 定形尺寸

定形尺寸是指确定组合体中各基本形体大小的尺寸。

如图 5-12(a)所示,底板长 200 mm、宽 120 mm、高 15 mm 均为底板的定形尺寸,"4×ϕ13"为底板四圆孔的定形尺寸;支撑板底面长 125 mm、顶部圆柱面半径 R40 mm、轴孔直径 ϕ30 mm、厚 15 mm 均为定形尺寸。

(2) 定位尺寸

定位尺寸是指确定各基本形体之间相对位置的尺寸。

标注尺寸的起点称为基准。在组合体长、宽、高三个方向上标注定位尺寸时,需要三个尺寸基准。长度方向可选择组合体的左侧面或右侧面,宽度方向可选择后侧面或前侧面,高度方向一般用底面(有时也用顶面)作为尺寸基准。若物体为对称形体,还可以选择对称平面(反映在视图上是用点画线表示的对称线)作为尺寸基准。如图 5-12 所示,组合体长度方向的尺寸基准为左右对称平面,宽度方向的尺寸基准为前后对称平面,高度方向的尺寸基准为底面。

图 5-12(a)所示的正立面图中,"15"为支撑板高度方向的定位尺寸,"80"为 ϕ30 mm圆孔高度方向的定位尺寸;平面图中,"160"为底板长度方向两圆孔的定位尺寸,"86"为底板宽度方向两圆孔的定位尺寸;在侧立面图中,"72"为两支撑板的定位尺寸。

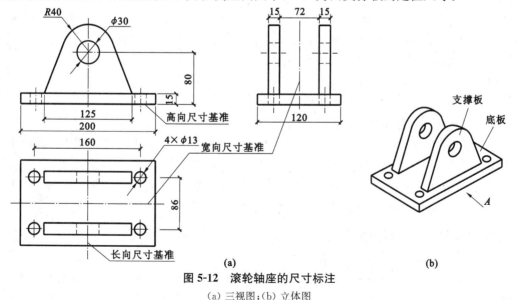

图 5-12　滚轮轴座的尺寸标注

(a) 三视图;(b) 立体图

应当指出，并不是每个形体都要标注三个方向的定位尺寸。如果某个方向的定位尺寸可由定形尺寸或其他因素所确定，就可省去这个方向的定位尺寸。形体在叠合、靠齐（共面）、对称的情况下，可省去一些定位尺寸。图 5-13（a）中，组合体顶部半圆柱三个方向的定位尺寸都要标注。而图 5-13（b）中，由于两个基本形体（半圆柱和长方体）上下叠合、后端面靠齐、左右对称，故半圆柱高、长、宽三个方向的定位尺寸均可由长方体高、长、宽的定形尺寸来确定，不需标注。

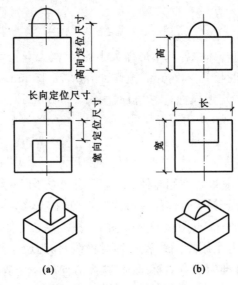

图 5-13　可省略定位尺寸的情况

图 5-12（a）所示的正立面图中，因支撑板的底面和底板叠合，故可省去支撑板高度方向的定位尺寸；"φ30"圆孔轴线与支撑板的左右对称平面重合，故只标注支撑板底面的长度（定形尺寸）"125"，而不需另外标注其底面方向的定位尺寸"62.5"。同理，图 5-12（a）所示的平面图中，两圆孔长度方向的定位尺寸，因其长度方向的尺寸基准为对称平面，故不应标注为圆孔轴线至代表长向对称平面点画线的距离"80"，而应标注为圆孔轴线间的距离尺寸"160"。总之，对称于对称平面的长向或宽向定形尺寸或定位尺寸，不应注其一半的尺寸，而应注全尺寸。

（3）总尺寸

总尺寸是指组合体总长、总宽、总高的尺寸。

如图 5-12（a）所示，"200"为总长尺寸，"120"为总宽尺寸，总高尺寸可由上端半圆柱轴线的定位尺寸"80"与半圆柱的半径尺寸"R40"之和来确定，通常不直接标注总高尺寸"120"。组合体的上端为回转体时，一般不直接标注总高尺寸，标注回转体轴线的定位尺寸和回转体的半径尺寸即可。当总尺寸与其他尺寸相同时，不重复标注。

5.3.2.2　尺寸标注要清晰

要将尺寸标注清晰，应注意以下几点。

① 尽可能把尺寸标注在形状特征明显的视图上。表示圆弧半径的尺寸应标注在反映圆弧特征的视图上，如图 5-12（a）所示正立面图中支撑板顶部的 R40 mm 圆弧。组合

体的截角尺寸应注在反映截角特征的视图上,如图 5-14(a)所示的截角尺寸"22"和"10"都应标注在平面图上,而不应标注在不反映截角特征的正立面图上,图 5-14(b)中的尺寸标注就不清晰。

② 相关尺寸应集中标注。同一基本形体的定形尺寸、定位尺寸应尽量集中标注在同一视图上,如图 5-14(a)中的槽口尺寸"8"和"5"应集中标注在正立面图上。

③ 尺寸应尽量标注在视图轮廓的外面,最好标注在有关两视图之间。某些细部尺寸允许标注在图形内,但应注意,尺寸最好靠近被标注的形体,并避免与其他图线、文字相交。

④ 回转体的直径尺寸一般标注在非圆视图上,但若非圆视图为虚线时,最好不在虚线上标注尺寸,如图 5-12(a)正立面图中的"$\phi 30$"。

⑤ 两尺寸线或尺寸线与轮廓线之间的距离宜为 7～10 mm,并保持一致。为避免尺寸线与尺寸界线相交,应使大尺寸在小尺寸外边。

⑥ 当尺寸处于水平位置时,尺寸数字在尺寸线上方,字头向上;当尺寸处于垂直位置时,尺寸数字在尺寸线左边,字头向左。线性尺寸的起止符号一般用中粗斜短线绘制,其倾斜方向应与尺寸界线成顺时针 45°,长度宜为 2～3 mm。

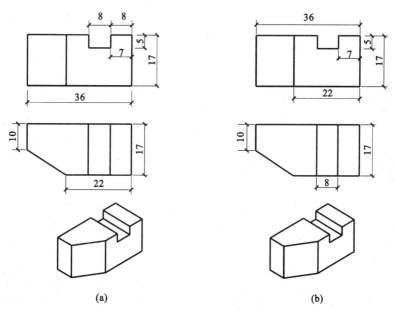

图 5-14 相关尺寸集中标注

(a) 尺寸标注清晰;(b) 尺寸标注不清晰

5.3.2.3 尺寸标注要正确

尺寸数值不能有误,尺寸标注要符合国家标准规定。

5.3.2.4 尺寸标注要合理

标注合理就是要考虑设计、施工的要求。例如,一般组合体不允许标注封闭尺寸,而在房屋施工图中,为了便于施工,常标注封闭尺寸。

【例 5-2】 说明图 5-15 所示组合体的尺寸标注。

【解】 (1) 形体分析

台阶由大踏板、小踏板和栏板三个基本形体组成,如图 5-6(b)所示。

(2) 确定尺寸基准

台阶长、宽、高三个方向的尺寸基准为:长向基准为台阶左侧面,宽向基准为台阶后侧面,高向基准为台阶底面。

(3) 按组合体尺寸标注的基本要求标注尺寸

要求不遗漏、不重复,清晰、正确地在组合体的视图上标注尺寸,并考虑尺寸标注的合理要求,在台阶的视图上标注封闭尺寸。

① 依次标注各基本形体的定形尺寸。

定形尺寸。如大踏板的长、宽、高尺寸为"1720""1200""150",小踏板的长、宽、高尺寸为"1300""900""150",栏板的长、宽、高尺寸为"240""1000""700"。

② 标注各基本形体的定位尺寸。

前面已经介绍过,当基本形体某个方向的定位尺寸可由其定形尺寸或其他因素所确定时,就可省去该方向的定位尺寸。形体在叠合、靠齐、对称的情况下,可省去一些定位尺寸(图 5-13)。如图 5-15(b)所示,小踏板与大踏板叠合,两形体的后侧面靠齐,只需标注小踏板长度方向的定位尺寸"300"。栏板的后侧面与大踏板的后侧面靠齐,栏板底面为高度方向的基准(即栏板高度方向的定位尺寸为 0),只需标注其长度方向的定位尺寸"1600"(300 mm+1300 mm)。大踏板的左侧面为长度方向基准,后侧面为宽度方向基准,底面为高度方向基准,所以大踏板不用标注任何定位尺寸。

③ 标注组合体的总尺寸。

台阶的总宽尺寸与大踏板的宽度尺寸相同,台阶的总高尺寸与栏板的高度尺寸相同。为了不重复标注,台阶只需标注总长尺寸"1840"(1720 mm+120 mm)。

④ 校核。

校核的重点是:尺寸有无遗漏或重复,尺寸标注是否清晰、正确,是否考虑了房屋建筑类组合体的尺寸宜注封闭尺寸的要求。

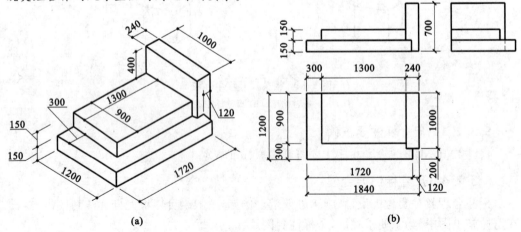

(a)   (b)

图 5-15 台阶的尺寸标注

5.4　组合体视图的识读

画图是将三维空间形体画成二维平面视图;读图即识图,就是把二维平面视图想象成三维空间形体。简单地说,读图是画图的逆过程。读图是培养和提高读者空间想象力的重要手段。要正确、迅速地读懂组合体的视图,除了要掌握基本读图方法外,还要了解一些读图的基本知识。下面首先介绍读图的基本知识。

5.4.1　读图的基本知识

① 掌握三视图的投影规律,即"长对正,高平齐,宽相等"的三等规律及形体左右、前后、上下三个方向在视图中的相对位置。例如,正立面图只反映形体左右、上下方向的情况和形体的正面形状,平面图只反映形体左右、前后方向的情况和形体顶面的形状,左侧立面图只反映形体前后、上下方向的情况和形体的左侧面形状。

② 掌握各种位置直线和各种位置平面的投影特性,尤其是投影面垂直面和投影面平行面的投影特性。

③ 掌握三棱柱、四棱柱、四棱台、三棱锥、圆柱、圆台等常见基本形体的投影特性。

④ 读图时要按投影关系把有关视图联系起来,从形体特征明显的视图着手分析。

a. 通常一个视图不能确定形体的形状,需要将两个视图联系起来看。

组合体的形状一般是通过几个视图表达的,通常通过一个视图不能正确判断形体的空间形状。虽然如图 5-16(a)、(b)所示两组视图中的正立面图是相同的,图 5-16(b)、(c)、(d)、(e)所示四组视图中的平面图也都是相同的,但各形体的空间形状却不相同。

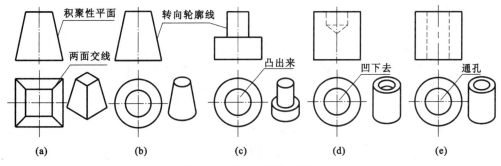

图 5-16　由两个视图读图

b. 有时由两个视图也不能确定形体的形状,需要将三个视图联系起来看。

如图 5-17 所示的四组视图中,形体的正立面图和平面图都相同。若只看每一组视图的正立面图和平面图就会判断错误,必须将相关三个视图联系起来才能判断正确。

⑤ 了解各视图中线段的含义。

视图中一线段(轮廓线)可能代表三种含义:a. 形体表面有积聚性的投影,如图 5-16(a)中的正立面图所示;b. 形体上两个面交线的投影,如图 5-16(a)中的平面图所示;c. 形体上曲面转向轮廓线的投影,如图 5-16(b)、(c)中的正立面图所示。

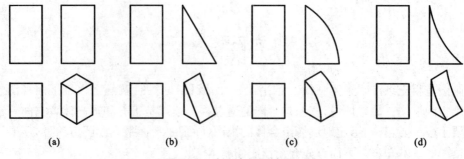

图 5-17 由三个视图读图

⑥ 了解视图中线框(封闭图形)的含义。

a. 一般来说,视图中的一个线框代表一个表面,这个表面可能是平面,如图 5-18(a)所示;可能是曲面,如图 5-18(b)所示;还可能是相切的组合面,如图 5-18(d)所示;特殊情况下还可能是孔洞,如图 5-18(c)所示。

b. 平面图中相邻两线框一般表示形体上两个不同的表面。它们可能是水平面与曲面相交,如图 5-18(b)所示,还可能是高低不同的两平行面,如图 5-18(a)中的 C、D 等平面。

c. 平面图中的线框里面有线框,一般表示凹下的(或凸出的)表面,特殊情况下为孔洞,如图 5-18(c)所示。

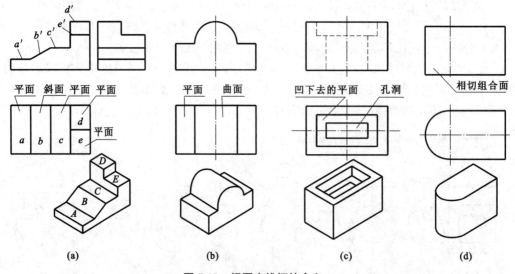

图 5-18 视图中线框的含义

d. 无类似形必积聚。一视图中反映形体表面的线框在其他视图中的投影一般有两种情况,即为一直线或类似形(若原形为平行边的多边形,则其投影为边数相同且平行边仍相互平行的多边形,一般把这种多边形称为类似形,如矩形的类似形不一定是矩形,但一定是平行四边形)。如果平面形体某表面在一个视图上为一线框,在另一个相关视图上没有与它对应的类似形,则这个表面在该视图上的投影必积聚为一直线段。这种关系一般简称为"无类似形必积聚"。若积聚的线段为斜线,则斜线为投影面垂直面的投影,如图 5-18(a)中的 B 面;若积聚的线段为水平线,则为水平面的投影,如图 5-18(a)中的 A、C 等面。

e.了解体线框的含义。能代表一个形体投影的线框,简称体线框。体线框的各边应为该形体各表面的积聚投影。若把体线框的各边向某一坐标轴方向延伸一定的距离,则更易想出该形体的空间形状(这种方法称为端面延伸法)。所以,了解和运用体线框对读图很有帮助。

5.4.2　读图的方法

组合体读图的基本方法有形体分析法和线面分析法,以形体分析法为主,线面分析法为辅。上述两种方法是互相联系、互相补充的,读图时应将二者结合起来灵活运用。

5.4.2.1　形体分析法

运用形体分析法时,从反映形状特征明显的视图入手,按能反映形体特征的线框划块,把视图分解为若干基本形体。用对投影的方法,找出每一形体的有关投影,然后根据各基本形体的投影特性想象出每一形体的形状,并分析各基本形体的组合方式与相对位置,最后综合起来想象出组合体的整体形状,详见例5-3。

5.4.2.2　线面分析法

根据各种位置直线和平面的投影特性(实形性、积聚性、类似性),详细地分析组合体视图中线段与线框(特别是无类似形的线框、体线框等)的含义,从而想象出形体各表面的形状和相对位置,进而想象出形体的局部或整体形状。这种读图方法称为线面分析法,详见例5-4。

当组合体的某些表面难以分清基本形体的范围,需要细加分析时,常用线面分析法(例5-4)。切割型组合体多用线面分析法。若该类组合体用形体分析法分析,则把形体分析为切掉某些形体的形体,这与叠加法相反,常称为切割法。详细地说,切割法是按形体各视图的最大边界假想形体的原始形状,再按视图切割特征,搞懂被切去部分的形状及其相对位置,最后想出该形体的形状,详见例5-5。

5.4.3　读图的步骤

① 概括了解。

根据已知视图,初步了解形体的组合方式。若为叠加型组合体,宜将形体分析法作为主要读图方式。若为切割型组合体,则宜以线面分析法为主。应当指出的是,两种方法是互相联系、互相补充的。

② 用形体分析法和线面分析法分部分(基本形体或表面),对投影,想形状。

以特征视图为基础,配合其他有关视图找出反映基本形体特点的部分划分线框。用三等规律对投影,把各部分的有关投影分离出来,想出它们的形状。当用形体分析法分析视图之后对局部视图的识读仍有不清晰之处时,可用线面分析法对该部分视图进行分析。

③ 综合起来想整体。

根据已想出的各部分形状及它们之间的相对位置,综合想出组合体的整体形状。

读图的步骤可归结为先概略后细致;先用形体分析法后用线面分析法;先外部后内

部；先整体后局部，再由局部回到整体。对于一些组合体，给出其两视图已能清晰地表达其形状，但为了培养和检验读图能力，往往需要求出第三视图。下面举例说明。

【例 5-3】 图 5-19(a)所示为一组合体的二视图，试想象出其整体形状，并补出其左侧立面图。

【解】 ① 概括了解。

根据对已知二视图的初步分析，可知该组合体为叠加型组合体，宜用形体分析法为主的读图方法。

② 用形体分析法和线面分析法分部分，对投影，想形状。

图 5-19(a)所示组合体正立面图的特征比较明显。以该图为基础，配合平面图，在正立面图上找出了反映基本形体特征的四个线框(体线框)，并把其划分为Ⅰ、Ⅱ、Ⅲ、Ⅳ(体线框可用罗马数字标记)四部分，如图 5-19(b)所示。其中，Ⅱ、Ⅳ相同，只需分析Ⅰ、Ⅲ、Ⅳ三部分。

如图 5-19(b)所示，用对投影的方法，把每部分(形体)的有关视图分离出来。想象和作图过程如图 5-19(c)、(d)、(e)所示。

在正立面图中分离出线框Ⅰ的两个视图，如图 5-19(c)所示。线框Ⅰ是一个从左到右的连续线框，为一个曲面的投影，该表面的水平投影积聚成一段圆弧。实际上线框Ⅰ的周边都是有关各表面的积聚投影，所以线框Ⅰ是一个体线框。根据体线框的含义，可知线框Ⅰ表示的形体是切去了左、右两块和前面上方中间处一块后的半圆柱体，如图 5-19(c)中的立体图所示。在正立面图中分离出的线框Ⅲ及其有关视图如图 5-19(d)中正立面图和平面图中的粗实线所示。线框Ⅲ是一个体线框，根据体线框的含义，很快就能想象出该形体为上方中部切去了半圆槽的四棱柱，如图 5-19(d)中的立体图所示。用同样方法分析正立面图中的线框Ⅱ、Ⅳ，可知其为左、右对称的两个三棱柱，如图 5-19(e)中的立体图所示。

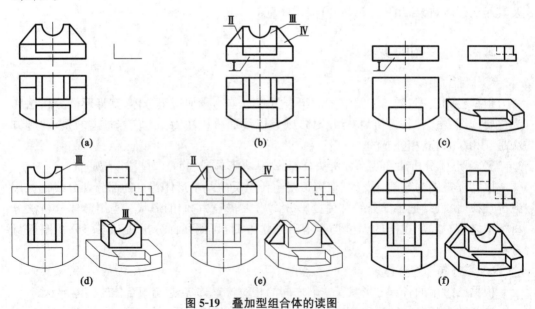

图 5-19　叠加型组合体的读图

③ 综合起来想整体。

根据已想出各基本形体的形状及图 5-19(b)所示各基本形体的相对位置,即可想象出组合体的整体形状,如图 5-19(f)所示。

④ 补画出左侧立面图。

在想象出各基本形体的形状和组合体的整体形状之后,用三等规律依次画出它们的左侧立面图。也可按组合体的视图,把各个基本形体的左侧立面图,根据它们的相对位置关系叠加起来,从而画出组合体的左侧立面图。画完的底稿检查无误后,按规定线型描深,如图 5-19(c)、(d)、(e)、(f)所示。

【例 5-4】 分析图 5-20(a)所示的二视图,试想象出组合体的空间形状,并画出其左侧立面图。

【解】 ① 概括了解。

根据对二视图的初步分析,可以看出该形体为切割型组合体,宜先用形体分析法分析被切去的某些形体,再用线面分析法分析组合体被切后的表面性质。

② 用形体分析法和线面分析法分部分,对投影,想形状。

切割型组合体也可用形体分析法分析,但分析方法与叠加型组合体相反,即把形体分析为切去某些形体的形体。如图 5-20(a)所示,假定形体为一长方体,根据平面图的特点,可知形体前方被切去左右两块。为了得知切割平面的情况,应对视图进行线面分析。为此,在平面图中划分线框 1、2,如图 5-20(b)所示。根据"无类似形必积聚"的线框含义,可知平面图中的线框 1 必积聚在正立面图中的斜线 1′上,即平面 1 为正垂面,又因线框 2 与线框 2′为类似形,故知平面 Ⅱ 同时倾斜于 V 面和 H 面。此时可知平面 Ⅱ 有两种可能性,即一般位置平面或侧垂面,所以选择直线 AB 进行判定。因 $a'b' /\!/ ab /\!/ OX$,即 AB 为侧垂线,故可判定平面 Ⅱ 为侧垂面。

③ 综合起来想整体。

综合上述分析,可知该形体左右对称,并知该形体是一个长方体的两侧面各被一正垂面和一侧垂面切割而成的,切割后的空间形状如图 5-20(b)中的立体图所示。

④ 补画左侧立面图。

用三等规律,先画左侧立面图的大轮廓,再在此图形内把侧垂面 Ⅱ 的积聚投影斜线 2″画出,如图 5-20(b)所示。检查无误后按规定线型描深,如图 5-20(c)所示。

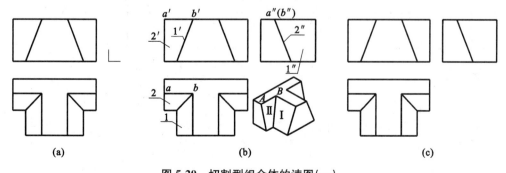

(a)　　　　　　　　　　(b)　　　　　　　　　　(c)

图 5-20　切割型组合体的读图(一)

【例 5-5】 图 5-21(a)所示为一组合体的正立面图和平面图,试想象出其形体,并画出其左侧立面图。

【解】 ① 概括了解。

根据对二视图的初步分析,可以看出该形体为切割型组合体。宜先用形体分析法分析被切去了的某些形体,再用线面分析法分析被切去形体的形状。

② 用形体分析法和线面分析法分部分,对投影,想形状。

a. 以已知二视图的最大边界假想组合体为一长方体,如图 5-21(b)所示。根据对二视图的初步分析,可知形体的左边被切去了一块,形体上方中部也被切去了一块。为了得知切割平面的情况,应对视图进行线面分析。根据"无类似形必积聚",可知正立面图中的水平线 p' 及与其对应的三角形线框 p 为一水平面,如图 5-21(c)所示。平面图中的斜线 q 及与其对应的矩形线框 q' 为一铅垂面,如图 5-21(d)所示。由此可知,该形体的左边被一铅垂面和一水平面切去一个三棱柱。

b. 根据正立面图中的虚线、虚线左端的小矩形以及虚线对应于平面图中部的梯形线框,可知长方体上方中部被切去的是斜截四棱柱,切后形成的是一个槽。正立面图中的小矩形底边是截平面 Q 与槽底面 R 的交线。小矩形的左边是截平面 Q 与槽的后侧面 S_1 的交线。由于此交线为铅垂线(铅垂面与正平面的交线为铅垂线),故知该槽为矩形槽。小矩形的顶边并不是槽口的线,而是槽后墙顶面的一段积聚投影线,如图 5-21(e)所示。

③ 综合起来想整体。

根据上述分析可知,组合体的左边被切去一个三棱柱,形体的上方中部被切去一个斜截四棱柱,切后形成了矩形槽,如图 5-21(f)所示。

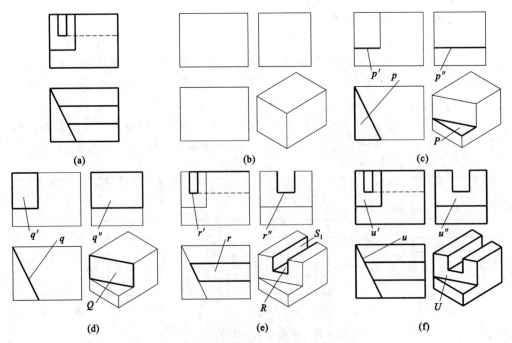

(a)   (b)   (c)

(d)   (e)   (f)

图 5-21 切割型组合体的读图(二)

④ 补画左侧立面图。

按照上述分析,用三等规律可画出左侧立面图,如图 5-21(f)所示。线框 u'' 是铅垂面 Q 与形体左端的表面交线,它应与正立面图中的线框 u' 为类似形。但正立面图中小矩形线框 u' 上方有一根线,而左侧立面图中的矩形槽上方无线,为什么?读者自行分析。

通过上述组合体的读图过程,可以看出形体分析法与线面分析法是相互联系、相互补充的,读图时应将二者结合起来灵活运用。

【例 5-6】 图 5-22 所示为组合体的三视图,试想象出其空间形状。

【解】 ① 概括了解,形体分析。

图 5-22(a)所示组合体是用三个视图表达的,它是房屋类组合体。从图中可知,该组合体是由大小两个形体组成的。其中,小形体的正立面图积聚成五边形,它的五边代表五个棱面,可知该形体为一五棱柱状的房屋,即两坡面房屋。该房屋平面图和左侧立面图中的虚线对应着正立面图中半圆及与半圆相切两直线的投影,可知这个房屋中间开了一个拱门洞。大形体的下半部是一个四棱柱状的墙身,它的上半部比较复杂,应进一步分析。

② 线面分析。

大形体的上半部应为房屋的屋面,根据左侧立面图中的大小两个三角形和一个梯形,配合平面图中的梯形类似形,可知该屋面是一个三棱柱,它的左、右两端由两个侧平面和两个正垂面切割而成。这样的屋面称为歇山屋面。该歇山屋面的前坡面 P 与小房屋的两坡面相交而得交线 AB 和 BC,P 面的水平投影 p 和正面投影 p' 为类似形,P 面的侧面投影 p'' 积聚为一条斜线。

③ 综合起来想整体。

根据前面形体分析和线面分析的结果,以及图 5-22(a)中形体和表面间的相对位置,想象出组合体的形状,如图 5-22(b)所示。

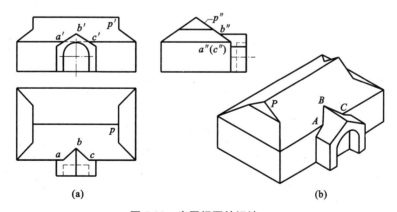

(a)   (b)

图 5-22 房屋视图的识读

【复习思考题】

5-1 组合体的组合方式有哪几种?

5-2 组合体 V、H、W 三面的视图名称各是什么?

5-3　画组合体视图有哪些步骤?

5-4　选择正立面图时一般应考虑哪几个要求?

5-5　在组合体视图上标注尺寸的基本要求是什么?

5-6　尺寸齐全的要求中,除了不遗漏、不重复外,还要标注哪三种尺寸?

5-7　要使尺寸标注清晰,应注意哪几点?

5-8　组合体的尺寸标注分为哪几个步骤?

5-9　组合体读图的基本知识包含哪几点内容?

5-10　常用的组合体读图的基本方法有哪几种?

5-11　视图中的一个线框、相邻两线框、线框里的线框与形体的表面有什么关系?

5-12　"无类似形必积聚"和"体线框"的含义各是什么?

5-13　形体分析法、线面分析法的内容各是什么?

5-14　组合体读图的步骤是什么?

6 轴 测 图

6.1 轴测图的基本知识

多面正投影图能准确地表达形体的形状和大小,尺寸度量也很方便,但立体感差。为了弥补多面正投影图的不足,工程上常采用富有立体感的轴测图作为辅助图样。

6.1.1 轴测图的形成及术语

6.1.1.1 轴测图的形成

如图 6-1(a)所示,形体在 V、H 面上的任一投影只能反映形体长、宽、高中两个方向的情况,缺乏立体感。如果使形体的一个投影能同时反映形体长、宽、高三个方向的情况,则这样的图形就具有立体感了。

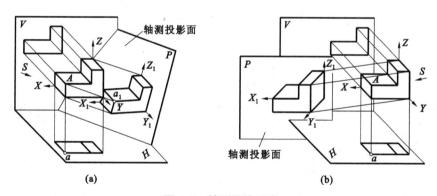

图 6-1 轴测图的形成

(a) 正轴测图;(b) 斜轴测图

如图 6-1 所示,将形体连同确定其空间位置的直角坐标系 $O\text{-}XYZ$ 一起,沿不平行于任一坐标面的方向 S,用平行投影法投射在单一投影面 P 上,所得到的图形称为轴测投影图,简称轴测图。

轴测图的立体感强,但度量性较差,作图较麻烦,所以通常把它作为辅助性图样。在建筑图样中,室内外给水排水系统管道图及室内布置等常用轴测图绘制。

6.1.1.2 术语

① 轴测投影面:如图 6-1 所示,得到轴测投影的平面 P 称为轴测投影面。

② 轴测轴:直角坐标系的坐标轴 OX、OY、OZ 在轴测投影面上的投影,简称轴测轴。如图 6-1 所示,用 O_1X_1、O_1Y_1、O_1Z_1 表示轴测轴。

③ 轴间角:两轴测轴之间的夹角称为轴间角。如图 6-1 所示,轴间角为 $\angle X_1O_1Y_1$、$\angle X_1O_1Z_1$ 和 $\angle Y_1O_1Z_1$。

④ 轴向伸缩系数:轴测轴上的单位长度与相应空间直角坐标轴上的单位长度之比,称为轴向伸缩系数。在 OX、OY、OZ 轴上分别取单位长度 i、j、k,它们在轴测轴上的对应长度分别为 i_1、j_1、k_1,则:

$$p = \frac{i_1}{i}, \quad q = \frac{j_1}{j}, \quad r = \frac{k_1}{k}$$

式中,p、q、r 分别为 X、Y、Z 方向的轴向伸缩系数。

⑤ 次投影:各投影面上正投影的轴测投影称为次投影。正面投影的次投影称为正面次投影,同样有水平面次投影、侧面次投影。如图 6-1(a)所示,点 A 的水平投影 a 的水平次投影记为 a_1。

6.1.2 轴测图的性质

由于轴测投影属于平行投影,因此具有一切平行投影的属性。为了便于以后绘图,应注意以下特性。

（1）平行性

① 空间形体上平行于坐标轴的线段,其轴测投影平行于相应的轴测轴。

② 空间形体上互相平行的线段,其轴测投影仍相互平行。

（2）定比性

① 空间点分线段为某一比值,则点的轴测投影分线段的轴测投影为同一比值。

② 两线段的轴测投影长度之比与空间二线段长度之比相等。

画轴测图时,只能沿轴测轴的方向,按轴向伸缩系数来确定线段,这就是"轴测"二字的由来。

6.1.3 轴测图的分类

由上述内容可知,根据投射方向 S 对轴测投影面 P 的倾角不同,轴测图分为正轴测图和斜轴测图两类。当投射方向与轴测投影面垂直时为正轴测图,当投射方向与轴测投影面倾斜时为斜轴测图。根据轴向伸缩系数的不同,轴测图又分为等测、二测和三测三种。为此,轴测图可作如下分类,见表 6-1。

表 6-1   轴测图的分类

正轴测图$(S \perp P)$	斜轴测图$(S \angle P)$
正等测:$p = q = r$	斜等测:$p = q = r$
正二测:$p = r \neq q$,或 $p = q \neq r$,或 $q = r \neq p$	斜二测:$p = r \neq q$,或 $p = q \neq r$,或 $q = r \neq p$
正三测:$p \neq q \neq r$	斜三测:$p \neq q \neq r$

6.1.4   轴测图的画法

6.1.4.1   轴测图绘制的基本方法

常用的轴测图绘制方法有坐标法、切割法、端面法和叠加法。无论用哪种方法绘制形体的轴测图,坐标法都是最基本的方法,其他方法都是以坐标法为基础的。这几种方法将在后面作详细介绍。应当注意,在轴测图中一般不画虚线。

6.1.4.2   轴测图的绘制步骤

在绘制形体轴测图之前,首先要弄清形体的形状和结构,然后选择最佳轴测图类型、摆放位置和投射方向,运用前面介绍的基本知识,按一定的绘图步骤画出形体的轴测图。

通常,轴测图的绘制步骤如下:

① 分析正投影图,想出形体的空间形状和组合方式。

② 作图:

a. 在正投影图上定出坐标原点和坐标轴;

b. 按所选轴测图的种类,选取相应的轴间角,绘出轴测轴;

c. 在正投影图上沿轴向测量尺寸,再按相应的轴向伸缩系数,根据正投影图逐步画出形体的轴测图。

③ 检查,擦去多余的图线,加深轴测图中的可见轮廓线,完成全图。

三测图作图甚繁,很少采用,本章只介绍建筑图中常采用的正等测、正面斜二测和水平斜等测三种轴测图的画法。

6.2   正 等 测 图

如图 6-2(a)所示,当投射方向 S 与轴测投影面 P 垂直,且形体的三个坐标轴 OX、OY、OZ 与轴测投影面 P 间的倾角 α 均相等(约为 $35°$)时,所得到的轴测图即为正等轴测图,简称正等测图。

6.2.1   正等测图的轴间角和轴向伸缩系数

正等测图的轴间角 $\angle X_1 O_1 Y_1 = \angle X_1 O_1 Z_1 = \angle Y_1 O_1 Z_1 = 120°$,轴向伸缩系数 $p = q = r = 0.82$,如图 6-2(b)所示。

通常,为简化作图,正等测图采用简化轴向伸缩系数 $p=q=r=1$,如图 6-2(c)所示。显然,用简化轴向伸缩系数所作的正等测图沿轴向放大 1.22 倍($1/0.82≈1.22$)。

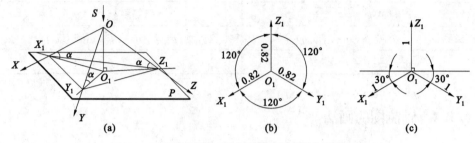

图 6-2 正等测图的形成及其轴间角、轴向伸缩系数
(a) 正等测图的形成;(b) 轴间角与轴向伸缩系数;(c) 轴测轴的画法

6.2.2 平面立体正等测图的绘制

6.2.2.1 坐标法

坐标法就是根据点的空间坐标画出其轴测图,然后连接各点完成形体的轴测图。它主要用于绘制那些由顶点连线而成的简单平面立体,或由一系列点的轨迹光滑连接而成的平面曲线或空间曲线。

【例 6-1】 已知三棱锥 $S\text{-}ABC$ 的二面投影,求作其正等测图,如图 6-3 所示。

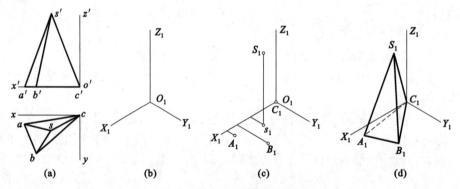

图 6-3 三棱锥正等测图的画法
(a) 投影图;(b) 画轴测轴;(c) 作各顶点轴测图;(d) 完成全图

【解】 分析:为简化作图,将棱锥底面置于直角坐标面 $X_1O_1Y_1$ 上。

作图:

① 先在正投影图上定出原点和坐标轴的位置,如图 6-3(a)所示。

② 按正等测图轴间角的规定画出轴测轴,如图 6-3(b)所示。

③ 按简化轴向伸缩系数 $p=q=r=1$,分别作出三棱锥底面三角形各顶点 A、B、C 的水平面次投影 a_1、b_1、c_1。因底面三角形与轴测投影面 $X_1O_1Y_1$ 重合,所以底面各顶点的次投影 a_1、b_1、c_1 变为 A_1、B_1、C_1。同时,作出锥顶的水平面次投影 s_1,如图 6-3(c)所示。

④ 过 s_1 作 $s_1S_1 /\!/ O_1Z_1$,取 $s_1S_1=z_S$,得 S_1,如图 6-3(c)所示。

⑤将 S_1 与 A_1、B_1、C_1 相连,擦去多余图线,并将可见的棱线画成粗实线,不可见的

棱线画成虚线,即为所求,如图 6-3(d)所示。

注意:一般的轴测图中是不画虚线的,但由于本例中若不画虚线就不能确定它是否为三棱锥,故画出了虚线。

6.2.2.2 切割法

有些形体是由长方体切割而成,这类形体的轴测图可按其形成过程绘制,即先画出整体,然后依次去掉被切除部分,从而完成形体的轴测图。

【例 6-2】 如图 6-4(a)所示,试根据带切口形体的正投影图,绘制其正等测图。

【解】 分析:该形体为带切口的长方体。对于带切口的形体,一般先画完整形体,然后加画切口。但需注意,如切口的某些截交线与坐标轴不平行,则不可直接量取,而应通过它的有关投影求得。

作图:

① 在正投影图上定出坐标原点和坐标轴,如图 6-4(a)所示。

② 按正等测图轴间角的规定,画出轴测轴,如图 6-4(b)所示。

③ 按 $p=q=r=1$,画出长方体的正等测图。按长方体的长、宽、高作出完整的长方体,如图 6-4(c)所示。

④ 按尺寸 a 切去前上角多余部分,如图 6-4(d)所示。

⑤ 按尺寸 l_1、l_2 和 h_1 切去中间槽口,如图 6-4(e)所示。

⑥ 擦去多余图线,把可见轮廓线画成粗实线,完成全图,如图 6-4(f)所示。

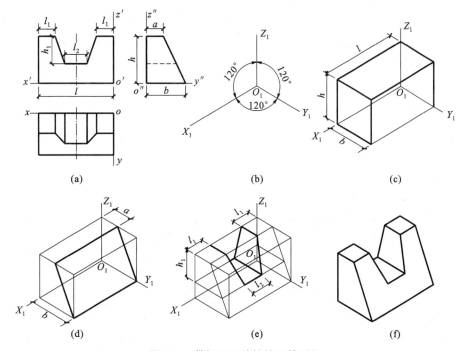

(a) (b) (c)

(d) (e) (f)

图 6-4 带切口四棱柱的正等测图

(a) 形体的正投影图;(b) 画出轴测轴;(c) 画出基长方体的轴测图;

(d) 切去前上角;(e) 切去中间槽;(f) 完成全图

6.2.2.3 端面法

端面延伸法(也称特征面法,简称端面法)是根据形体的结构特征,首先作出形体平行于其坐标面端面的轴测图,然后画出平行于另一轴测轴方向的线段。

如图 6-5 所示,首先作出左端面的轴测图,然后过端面各顶点,作平行于 O_1X_1 轴一系列棱线的轴测图,从而完成整个轴测图的绘制。对上例而言,此方法显得更方便。

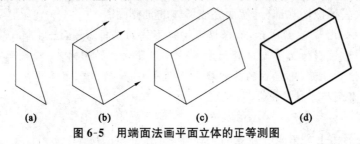

| (a) | (b) | (c) | (d) |

图 6-5　用端面法画平面立体的正等测图

【例 6-3】　如图 6-6(a)所示,已知正六棱柱的二面投影,试绘制其正等测图。

【解】　分析:正六边形为对称图形,为了简化作图,避免画出不可见轮廓线,将直角坐标原点 O 置于正六棱柱顶面的中心,且 OZ 轴向下,轴向伸缩系数 $p = q = r = 1$,如图 6-6(a)所示。

作图:

① 在正投影图上定出坐标原点和坐标轴,如图 6-6(a)所示。

② 按正等测图对轴间角的规定,画出轴测轴,如图 6-6(b)所示。

③ 采用坐标法,按 $p = q = 1$,沿轴向测量,首先作出 A、D、Ⅰ、Ⅱ 四点的轴测投影 A_1、D_1、Ⅰ_1、Ⅱ_1,再分别过 Ⅰ_1、Ⅱ_1 两点作直线平行于 O_1X_1,求得 B、C、E、F 四点的轴测投影 B_1、C_1、E_1、F_1,最后顺序连接 A_1、B_1、C_1、D_1、E_1、F_1、A_1,即为所求顶面的正等测图,如图 6-6(b)所示。

④ 采用端面法,按 $r = 1$,用图 6-5 所示的方法即可完成正六棱柱的正等测图,如图 6-6(c)、(d)所示。

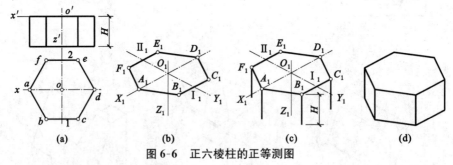

| (a) | (b) | (c) | (d) |

图 6-6　正六棱柱的正等测图

6.2.2.4 叠加法

有些形体由基本形体叠加而成。对于这类形体轴测图的绘制,可将其分为几个部分,按叠加方式逐个画出各部分的轴测图,从而得到整个形体的轴测图。应注意的是,画图时一定要正确确定各部分的相对位置关系。

【**例 6-4**】 如图 6-7(a)所示,试根据形体的正投影图绘制其正等测图。

【**解**】 分析:形体由底板、中间板和四棱柱叠加而成。为了便于作图,在正投影图的底板顶面中心定出坐标原点并作出坐标轴,并选用叠加法逐步画出形体的轴测图。

作图:

① 在正投影图上定出坐标原点和坐标轴,如图 6-7(a)所示。

② 按正等测图轴间角的规定,画出轴测轴,如图 6-7(b)所示。

③ 画出底板的轴测图。采用端面法,按 $p=q=r=1$,先画底板顶面的轴测图,再沿 O_1Z_1 方向测量画出底板的高度,完成底板的轴测图。

④ 画出中间板的轴测图,如图 6-7(d)所示。

⑤ 画出四棱柱的轴测图,如图 6-7(e)所示。

⑥ 擦去多余图线,将可见轮廓线画成粗实线,完成全图,如图 6-7(f)所示。

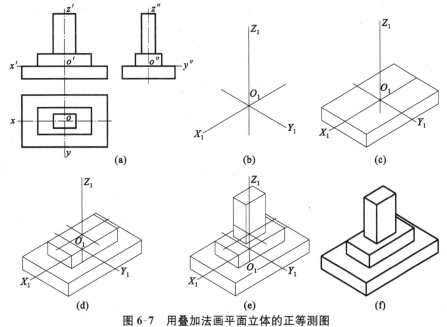

图 6-7 用叠加法画平面立体的正等测图

(a) 正投影图;(b) 画出轴测轴;(c) 画出底板;(d) 画出中间板;(e) 画出四棱柱;(f) 完成全图

应当指出:有些组合体不是用一种而是用两种画法画其轴测图。例如,图 6-6 所示六棱柱就是先用坐标法画其顶面轴测图,后用端面法完成其整体轴测图。这种画法常称综合画法。此法用得很多。

6.2.3 曲面立体正等测图的绘制

画回转体的轴测图时,应首先掌握圆的正等测图画法,特别是要掌握与坐标面平行或重合圆的正等测图画法。

6.2.3.1 平行于坐标面圆的正等测图

(1) 正等测椭圆长、短轴的方向和大小

正等测椭圆的长轴垂直于相应的轴测轴,短轴平行于相应的轴测轴。如图 6-8(a)所示,在 $X_1O_1Y_1$ 面上的椭圆,其短轴与 O_1Z_1 平行;在 $Y_1O_1Z_1$ 面上的椭圆,其短轴与 O_1X_1 平行;在 $X_1O_1Z_1$ 面上的椭圆,其短轴与 O_1Y_1 平行。

椭圆长、短轴的尺寸如下所述。正等测图中椭圆长轴长度等于圆的直径 d,短轴长度等于 $0.58d$,如图 6-8(b)所示。采用简化轴向伸缩系数后,长度放大到 1.22 倍,即长轴为 $1.22d$,短轴为 $0.58d \times 1.22 \approx 0.7d$,如图 6-8(c)所示。

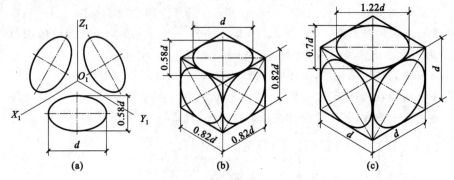

图6-8 坐标面上圆的正等测图

(2) 用四心圆近似画法画水平圆的正轴测图

① 在正投影图中定出原点和坐标轴,并作圆的外切正方形,如图 6-9(a)所示。

② 画出轴测轴,按 $p = q = 1$,沿轴截取半径 R,得椭圆上的四点 A_1、B_1、C_1、D_1,从而作出外切正方形的轴测图——菱形,如图 6-9(b)所示。

③ 菱形短对角线的端点为 1_1、2_1,连 1_1A_1(或 1_1D_1)、2_1B_1(或 2_1C_1),分别交菱形的长对角线于 3_1、4_1 两点,得四个圆心 1_1、2_1、3_1、4_1,如图 6-9(c)所示。

④ 以 1_1 为圆心,1_1A_1(或 1_1D_1)为半径作弧 $\overparen{A_1D_1}$;又以 2_1 为圆心,作另一圆弧 $\overparen{B_1C_1}$,如图 6-9(d)所示。

⑤ 分别以 3_1、4_1 为圆心,以 3_1A_1(或 3_1C_1)、4_1B_1(或 4_1D_1)为半径作圆弧 $\overparen{A_1C_1}$ 及 $\overparen{B_1D_1}$,如图 6-9(e)所示。

⑥ 擦去多余图线,加深可见轮廓线,即得水平圆的正等测图,如图 6-9(f)所示。

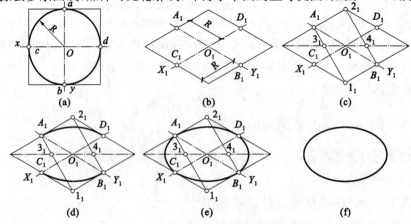

图6-9 水平圆正等测图的近似画法

正平圆和侧平圆的正等测图画法与水平圆的画法相同,但椭圆长、短轴的方向不同,如图 6-8 所示。

6.2.3.2 圆柱正等测图的画法

【例 6-5】 作出图 6-10(a)所示圆柱的正等测图。

【解】 分析:该圆柱的轴线垂直于 H 面。根据圆柱的对称性和可见性,可选择圆柱的顶圆圆心为坐标原点,如图 6-10(a)所示,这样便于作图。

作图:

① 以圆柱顶圆圆心为坐标原点,选定坐标轴,如图 6-10(a)所示;

② 作轴测轴,按 $p=q=1$,画出顶圆的轴测图,如图 6-10(b)所示;

③ 按 $r=1$,沿 O_1Z_1 轴方向向下量取高度 h,作出底圆的轴测图,再作出平行于 O_1Z_1 轴并与两椭圆相切的转向轮廓线,如图 6-10(c)所示;

④ 擦去多余图线,将可见轮廓线画成粗实线,如图 6-10(d)所示。

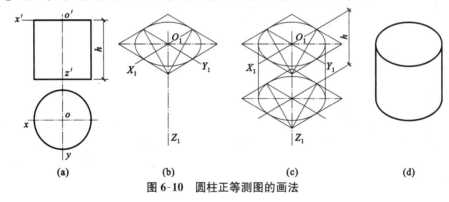

图 6-10 圆柱正等测图的画法

由图 6-10(c)可知,圆柱底圆后半部分不可见,不必画出。由于上、下两椭圆完全相同,且对应点之间的距离均为圆柱高度 h,故只需完整地画出顶面椭圆,沿 O_1Z_1 轴方向向下量取高度 h,找出底面椭圆三段圆弧的圆心以及两圆弧相连处的切点,再根据相应的半径画出底面的椭圆,从而简化了作图过程。这种方法称为移心法。

轴线垂直于 V 面、W 面圆柱的轴测图画法与轴线垂直于 H 面的圆柱相同,只是椭圆长轴方向依圆柱的轴线方向而异,即圆柱顶面、底面椭圆的长轴方向与该圆柱的轴线垂直,如图 6-11 所示。

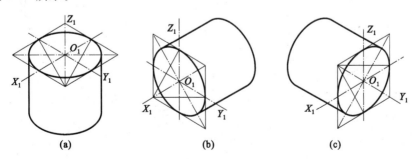

图 6-11 三个方向圆柱的正等测图

(a) 铅垂圆柱;(b) 侧垂圆柱;(c) 正垂圆柱

6.2.3.3 圆角的正等测图

一般的圆角正好是圆周的四分之一,所以它们的轴测图正好是近似椭圆四段圆弧中的一段。图 6-12 所示为圆的正投影图、轴测图和把圆分成四段圆弧轴测图的关系。

由图 6-12(b)可知,各段圆弧的圆心与外切菱形对应边中点的连线是垂直于该边的,因此自菱形各顶点起,在边线上截取长度 R(圆角的半径),得各切点;过各切点分别作该边线的垂线,垂线两两相交,所得的交点分别为各段圆弧的圆心。然后以 R_1、R_2 为半径画圆弧,即得四个圆角的正等测图。

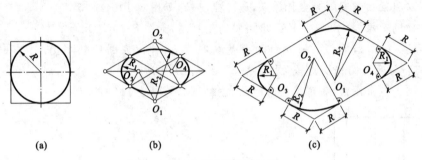

(a)　　　　(b)　　　　(c)

图 6-12　圆角正等测图的画法

6.2.4　组合体的正等测图

有些形体是由若干基本形体按叠加或切割方式组合而成。当绘制这种形体的轴测图时,可按其组成顺序依次绘出各个基本形体的轴测图,然后整理、加深可见轮廓线,去掉多余图线,即完成整个形体的轴测图。

【例 6-6】　试画出图 6-13(a)所示台阶的正等测图。

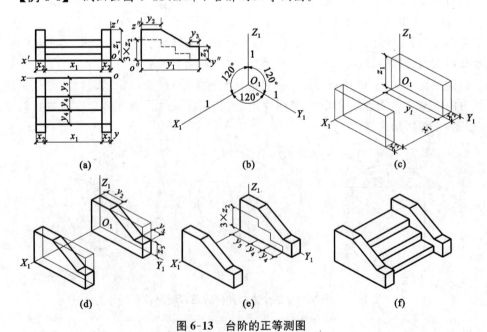

(a)　　　　　　　　(b)　　　　　　　　(c)

(d)　　　　　　　　(e)　　　　　　　　(f)

图 6-13　台阶的正等测图

【解】 分析：由正投影图可知该形体是一个叠加型组合体，由左右栏板和踏步叠加而成，因此可按叠加法绘制。

作图：

① 在正投影图上定出坐标原点和坐标轴，如图 6-13(a)所示；

② 按正等测图轴间角的规定，画出轴测轴，如图 6-13(b)所示；

③ 按 $p=q=r=1$，画出左右栏板基本形体的轴测图，如图 6-13(c)所示；

④ 用切割法完成左右栏板的轴测图，如图 6-13(d)所示；

⑤ 画出踏步右端面的轴测图，如图 6-13(e)所示；

⑥ 完成踏步轴测图，擦去多余图线，将可见轮廓线画成粗实线，完成全图，如图 6-13(f)所示。

【例 6-7】 试画出图 6-14(a)所示形体的正等测图。

【解】 分析：由正投影图可知该形体是一个组合体，由方板和圆筒叠加而成，因此可按叠加法，先画圆筒，后画方板。

作图：

① 以顶圆圆心为坐标原点，选定坐标轴，如图 6-14(a)所示。

② 画出轴测轴，画顶面外椭圆。以 O_1 为圆心画轴测轴，按 $p=q=1$，画外切菱形和四心椭圆，如图 6-14(b)所示。

③ 用同样的方法画顶面内椭圆，如图 6-14(c)所示。

④ 完成圆筒。按 $r=1$，沿 O_1Z_1 轴方向从 O_1 点往下量取 h_1 得到 O_2，以 O_2 为原点画轴测轴，用同样的方法画出底面椭圆。作平行于 O_1Z_1 轴的直线与两椭圆相切，完成圆柱的正等测图，如图 6-14(d)所示。

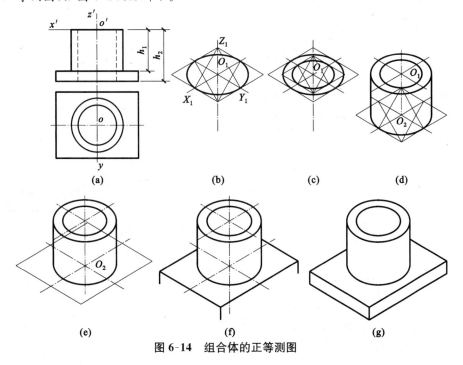

图 6-14　组合体的正等测图

⑤ 利用圆筒底面的轴测轴，按 $p = q = 1$，画方板顶面，如图 6-14(e)所示。

⑥ 用端面法，按 $r = 1$，把方板顶面的四角顶点沿 O_1Z_1 轴往下平移一个方板的厚度，即 $h_2 - h_1$，如图 6-14(f)所示。

⑦ 画出方板底面的边线，整理加深可见轮廓线，完成整个形体的正等轴测图，如图 6-14(g)所示。

6.3 斜轴测图

当投射方向对轴测投影面 P 倾斜时，形成斜轴测图。以 V 面平行面作为轴测投影面所得的斜轴测图称为正面斜轴测图，如图 6-1(b)所示。若以 H 面平行面作为轴测投影面，则得水平斜轴测图。下面，我们对这两种斜轴测图进一步讨论。

6.3.1 正面斜二测图

6.3.1.1 正面斜二测图的轴间角和轴向伸缩系数

如图 6-15 所示，正面斜轴测图不论投射方向如何选择，轴间角 $\angle X_1O_1Z_1 = 90°$，O_1X_1 和 O_1Z_1 方向的轴向伸缩系数均为 1，即 $p = r = 1$。O_1Y_1 与 O_1X_1、O_1Z_1 的轴间角随投射方向的不同而发生变化。O_1Y_1 的轴向伸缩系数亦依投射方向而定。因为投射方向有无穷多，所以可令 O_1Y_1 与 O_1X_1、O_1Z_1 的轴间角为任意数。为了作图方便，常用的轴间角有两种：① $\angle X_1O_1Y_1 = 45°$，按 Y_1O_1 延长线方向（即 $\angle Y_1O_1Z_1 = 45°$）作图，如图 6-18 所示；② $\angle X_1O_1Y_1 = 135°$，按 Y_1O_1 延长线方向（即 $\angle Z_1O_1Y_1 = 45°$）作图，如图 6-19(b)所示。轴测轴 O_1Y_1 的伸缩系数常取 0.5。

6.3.1.2 平行于坐标面的圆的斜二测图画法

(1) 斜二测图中椭圆长、短轴的方向和大小

在坐标面 $X_1O_1Z_1$ 或与其平行的平面上，圆的正面斜二测图仍为圆，如图 6-16(a)所示。在另外两个坐标面或与它们平行的平面上，圆的斜二测图为椭圆，如图 6-16(a)所示。在 $X_1O_1Y_1$、$Y_1O_1Z_1$ 面上的椭圆长轴与 O_1X_1、O_1Z_1 间的夹角均为 $7°10'$，短轴与长轴垂直。椭圆长轴约为 $1.06d$，短轴约为 $0.33d$。

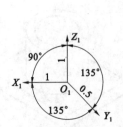

图 6-15 正面斜二测图的轴间角和
         轴向伸缩系数

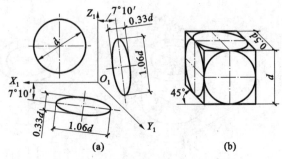

图 6-16 三坐标面上圆的斜二测图

（2）用平行弦法画椭圆

平行弦法就是用平行于坐标轴的弦来定出圆周上的点，然后作出这些点的轴测图，并光滑地连接求得椭圆。

用平行弦法求作 XOY 坐标面上圆的正面斜二测图，其作图步骤如图 6-17 所示。

① 用平行于 OX 轴的弦 EF 分割圆 O，得分点 E、F，如图 6-17(a) 所示；

② 取简化轴向伸缩系数 $p=r=1$，$q=0.5$，画轴测轴，如图 6-17(b) 所示；

③ 求出点 A、B、C、D、E、F 在轴测图中的相应点 A_1、B_1、C_1、D_1、E_1、F_1，如图 6-17(c) 所示，利用上述平行弦可求出圆周上一系列点的轴测图；

④ 用光滑曲线连接 A_1、E_1、D_1、F_1、B_1、C_1 各点，即得到圆 O 的斜二测图，如图 6-17(d) 所示。

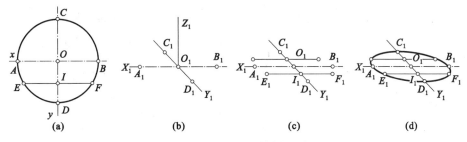

图 6-17　平行弦法作圆的斜二测图

平行弦法画椭圆不仅适用于画平行于坐标面的圆的轴测图，也适用于画不平行于坐标面的圆的轴测图。平行弦法实质上就是坐标法。

6.3.1.3　正面斜二测图的作图举例

【例 6-8】　画出图 6-18(a) 所示挡土墙的正面斜二测图。

【解】　分析：此挡土墙的正面投影反映其形状特征，故选用与 XOZ 面平行的轴测投影面，然后沿 Y 向延伸，即可画出该挡土墙的正面斜二测图。

作图：

① 在正面投影图中，选择挡土墙前端面的右下角为直角坐标系原点，如图 6-18(a) 所示；

② 确定轴间角，画轴测轴，取 $p=r=1$，画出挡土墙前端面的轴测图，如图 6-18(b) 所示（注意：轴测轴可以画在轴测图图形的外面，这样在擦掉作图线时比较容易）；

③ 运用端面法，将挡土墙前端面沿 Y 方向延伸，画出相关延伸线，如图 6-18(c) 所示；

④ 取 $q=0.5$，完成挡土墙后端面的轴测图，如图 6-18(d) 所示；

⑤ 取 $q=0.5$，由挡土墙前端沿 Y 方向量取相应的长度，画出扶壁的轴测图，如图 6-18(e) 所示；

⑥ 擦去辅助线并加深可见轮廓线，完成全图，如图 6-18(f) 所示。

【例 6-9】　画出图 6-19(a) 所示拱门的正面斜二测图。

【解】　分析：拱门由地台、门身及顶板三部分组成。拱门的正面投影反映其形状特征，故选用与 XOZ 面平行的轴测投影面，然后沿 Y 向延伸，即可画出该拱门的正面斜二测图。

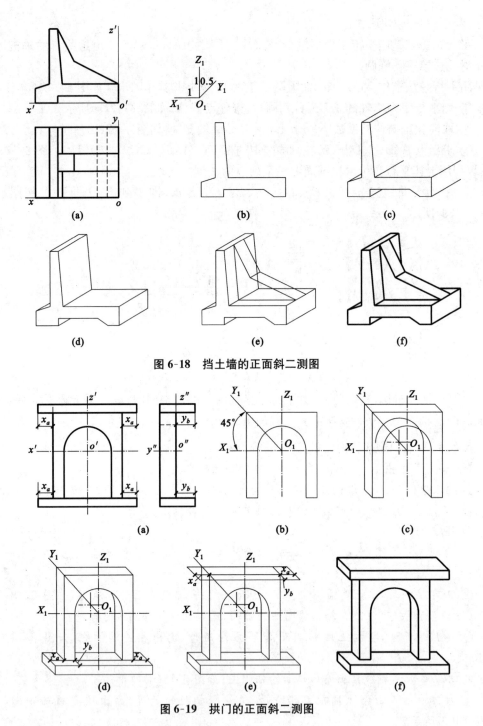

图 6-18　挡土墙的正面斜二测图

图 6-19　拱门的正面斜二测图

作图：

① 在正投影图中选择坐标原点和坐标轴，如图 6-19(a)所示。

② 确定轴间角，画出轴测轴，并取 $p=r=1$，画出拱门前墙面的轴测图，如图 6-19(b)所示。

③ 根据拱门墙的厚度,取 $q=0.5$,采用端面法将拱门前墙面沿 Y 方向延伸,画出拱门后墙面的轴测图,如图 6-19(c)所示。

④ 根据尺寸 x_a、y_b 和地台的高度,取 $p=r=1$,$q=0.5$,画出地台的轴测图,如图 6-19(d)所示。

⑤ 根据尺寸 x_a、y_b 确定顶板底面的位置,并取 $p=1$,$q=0.5$,画出其轴测图,如图 6-19(e)所示。

⑥ 根据顶板的高度,取 $r=1$,完成顶板的轴测图。擦去多余的图线,加深可见轮廓线,完成全图,如图 6-19(f)所示。

6.3.2 水平斜等测图

6.3.2.1 水平斜等测图的轴间角和轴向伸缩系数

水平斜等测图一般用来绘制一个建筑群的鸟瞰图或一个区域的总平面图。画图时,通常将 Z_1 轴画成铅垂方向,而 O_1X_1 与水平线成 60°、45° 或 30°。轴间角 $\angle X_1O_1Y_1 = 90°$,$\angle X_1O_1Z_1$ 为 120°、135° 或 150°,轴向伸缩系数 $p=q=r=1$,如图 6-20(b)所示。

6.3.2.2 水平斜等测图作图举例

【例 6-10】 画出图 6-20(a)所示建筑群的水平斜等测图。

【解】 分析:该建筑群的特征面是平行于 H 面的,因此选用水平斜等测图来表示,各轴向伸缩系数 $p=q=r=1$。此图可用端面法,把建筑群底面的轴测图画出后,按各建筑物的高度沿 Z_1 轴方向延伸即得所求。

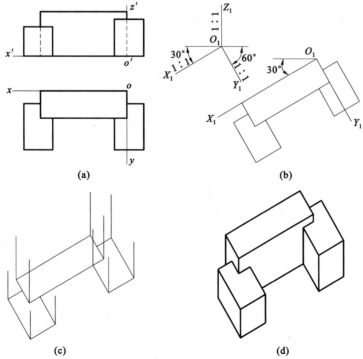

图 6-20 建筑群的水平斜等测图

作图：

① 选择坐标原点和坐标轴。

② 画轴测轴。一般取表示形体长边方向的 O_1X_1 轴与水平线成30°（即令 $\angle X_1O_1Z_1 = 120°$）；画出建筑群水平面的形状，即把平面图以 O_1Z_1 为轴，逆时针旋转30°后画出，先画中间的矩形，再画左右两侧不完整的矩形，如图 6-20(b) 所示。

③ 过旋转后建筑群平面图上的各顶点沿 O_1Z_1 轴方向画平行线，并根据立面图中各建筑物的高度依次截取各长度，如图 6-20(c) 所示。

④ 根据正投影图把截得的各顶点连接起来，但应注意中间建筑物与左右两端建筑物的交线画法。擦去多余的图线，加深可见轮廓线，完成建筑群的轴测图，如图 6-20(d) 所示。

【例 6-11】 如图 6-21(a) 所示，已知房屋室内平面图，试绘制其水平斜等测图。

【解】 分析：该房屋的特征面是平行于 H 面的，因此选用水平斜等测图来表示，取各轴向伸缩系数 $p=q=r=1$。

作图：

① 选择坐标原点和坐标轴；

② 画轴测轴；

③ 画出剖切后墙体的轴测图，如图 6-21(b) 所示；

④ 画出剖切后门窗的轴测图，如图 6-21(b) 所示；

⑤ 画出剖切后家具的轴测图，如图 6-21(b) 所示；

⑥ 画出植物的轴测图，如图 6-21(b) 所示；

⑦ 擦去多余的图线，加深可见轮廓线，完成房屋的轴测图，如图 6-21(b) 所示。

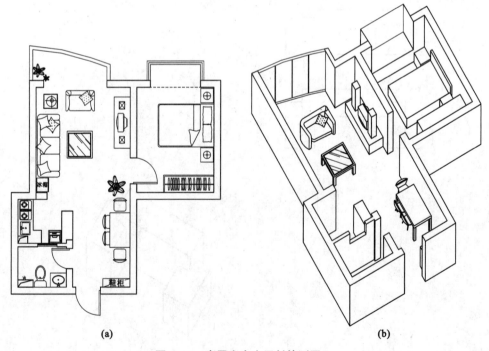

(a)   (b)

图 6-21　房屋室内水平斜等测图

6.4 轴测图的选择

绘制轴测图的目的是为了更直观、清晰地表达形体的形状和结构。因此,在选择轴测图的种类、摆放位置和投射方向时,应遵循立体感强、形状与结构表达清晰、作图简便、有利于按坐标关系定位和度量、尽可能减少作图线的基本原则。

6.4.1 轴测图种类的选择

大部分形体都可以选择正等测图来表达;正面形状复杂(特别是有圆或圆弧时)的形体,一般选用正面斜二测图,可使作图更简便;对房屋的外形、内部结构和建筑群的鸟瞰图或一个区域的总平面图,常采用水平斜等测图来表达。

在选择轴测图种类时,应考虑以下几个方面:

① 应尽量表达出形体的形状特征,避免遮挡,使形体的主要部分可见。

图 6-22(b)为图 6-22(a)所示形体的正等测图,它不能反映出形体上的孔是否为通孔。若选用图 6-22(c)所示的正面斜二测图,不仅圆和圆弧的轴测图易画,且孔的结构清楚。

② 应避免形体表面在轴测图中积聚成直线。在选择轴测图时,应使其立体感强,并大致符合我们日常观察形体时所看到的形状。如图 6-23 所示形体,若采用图 6-23(b)所示的正等测图来表达,就有两个表面在轴测图上积聚成了直线,其直观性差;若采用图 6-23(c)所示的水平斜等测图来表达,形体的立体效果就很明显了。

③ 应避免轴测图表达不清晰。如图 6-24 所示,图 6-24(c)、(d)不如图 6-24(b)清晰。

④ 应使作图方法简便。如图 6-22 所示形体,用正等测图和正面斜二测图都能表达其形状,但由于该形体的正面形状比较复杂(有圆孔和半圆柱面),故采用正面斜二测图绘制更方便,如图 6-22(c)所示。

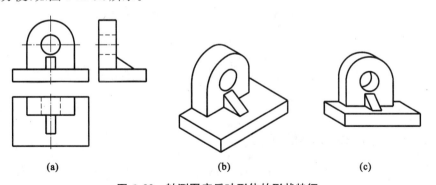

图 6-22 轴测图应反映形体的形状特征

(a) 正投影图;(b) 正等测图;(c) 正面斜二测图

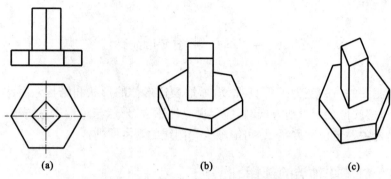

图 6-23　表面在轴测图中不能积聚成直线

(a) 正投影图；(b) 正等测图；(c) 水平斜等测图

6.4.2　形体摆放位置和投射方向的选择

应正确选择形体的摆放位置和投射方向。当形体摆放位置确定时,观察角度会影响轴测图效果;当形体观察角度不变时,摆放位置也会影响轴测图效果。

如图 6-24(a)所示形体,图 6-24(b)为从形体左、前、上方投射所得的轴测图,图 6-24(c)为从形体右、前、上方投射所得的轴测图,图 6-24(d)为从形体左、前、下方投射所得的轴测图。很显然,图 6-24(b)比图 6-24(c)、(d)的效果好。

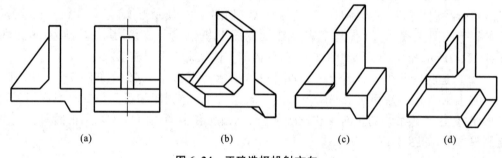

(a)　　　　　　(b)　　　　　　(c)　　　　　　(d)

图 6-24　正确选择投射方向

6.5　轴测图中形体的剖切及其画法

6.5.1　轴测图中形体的剖切

为了表达形体的内部结构,常将形体的轴测图作成剖面图。确定剖切平面时应遵循以下两点:

① 剖切平面应通过形体的对称轴线,以期得到所表达对象的最大轮廓;

② 一般不宜采用单一剖切平面剖切,而应采用两个相互垂直且分别平行于相应投影面的剖切平面剖切,以免严重损害形体的整体形象。

6.5.2 轴测图中图例线的画法

分别平行于轴测投影面 $X_1O_1Y_1$、$X_1O_1Z_1$、$Y_1O_1Z_1$ 的剖切平面,其图例线的方向和间距如图 6-25 所示。

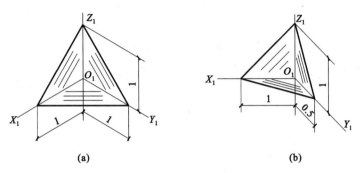

图 6-25 轴测图中剖切平面图例线的画法

(a)正等测;(b)斜二测

6.5.3 轴测图的剖切画法

画轴测剖面图时有两种方法:一是先画形体外形,然后按选定的剖切位置画出剖面轮廓,最后画出可见的内部轮廓;二是先画剖面轮廓以及与它有联系的轮廓,然后画其余可见轮廓。

【例 6-12】 作出图 6-26(a)所示形体的正等测剖面图。

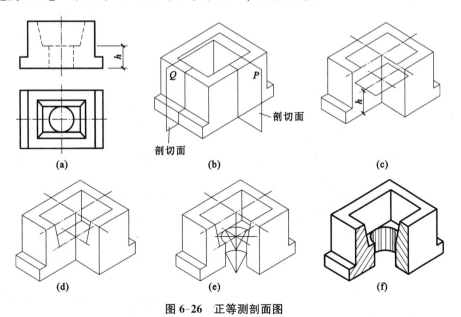

图 6-26 正等测剖面图

【解】 分析:为表达形体的内部结构,宜采用过形体对称轴且相互垂直的两个剖切平面剖切该形体。直角坐标系的坐标原点定在上端面对称中心处。

作图：

① 确定轴测轴，并画出形体的大致轮廓线，如图 6-26(b) 所示。

② 作剖切平面 P、Q，如图 6-26(b) 所示。

③ 去掉剖切后移走的部分，画形体的内部结构及其与剖切面的交线。这里先画顶部漏斗形孔，如图 6-26(c)、(d) 所示；再画底部圆柱形孔，如图 6-26(e) 所示。

④ 加深图线并画上图例线，完成全图，如图 6-26(f) 所示。

【例 6-13】 阅读图 6-27 所示带剖切的房屋水平斜等测图。

对于此例，读者可结合第 7 章"建筑形体的表达方法"以及该章作业的相关内容进行阅读和分析，这里不再赘述。

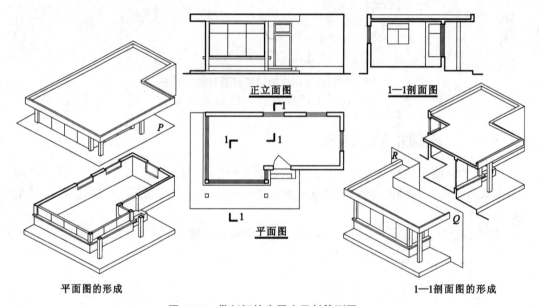

正立面图　　　　1—1剖面图

平面图

平面图的形成　　　　　　　1—1剖面图的形成

图 6-27　带剖切的房屋水平斜等测图

【复习思考题】

6-1　轴测图是怎样形成的？怎样分类？常用的有哪几种？

6-2　什么是轴间角、轴向伸缩系数？正等测的轴间角和轴向伸缩系数分别为多少？画图时通常取何值？

6-3　画形体轴测图的基本方法有哪些？其适用范围有哪些？

6-4　什么是正面斜二测图？其主要用途是什么？常用的正面斜二测图的轴测轴如何设置？

6-5　什么是水平斜等测图？其主要用途是什么？常用的水平斜等测图的轴测轴如何设置？

6-6　轴测投影中画椭圆的方法有哪些？各种画法适用于哪种类型的轴测图？正等测图中椭圆和圆角近似画法的作图步骤是怎样的？

6-7　轴测图的选择原则有哪些？

7 建筑形体的表达方法

建筑形体的形状、结构有时是很复杂的,只用前面介绍的三视图很难将其完整、清晰地表达出来。因此,《房屋建筑制图统一标准》(GB/T 50001—2010)规定了一系列的图样表达方式,供画图时选用。本章将重点介绍视图、剖面图、断面图等的画法。

7.1 视 图

7.1.1 基本视图

形体向基本投影面投影所得的视图,称为基本视图。以前,为了表达一个形体,常将其放入 V、H、W 三投影面体系中进行投影,从而得到三个视图。当形体的形状比较复杂时,仅用以前的三个视图来表达形体是很难表达清晰的。因此,在原来三个投影面的基础上,再增加与它们对应平行的 V_1、H_1、W_1 三个投影面(均为基本投影面),就好似由六个投影面组成了一个方箱,把形体放在中间,按图 7-1(a)所示的 A、B、C、D、E、F 箭头所指方向,分别向 V、H、W、W_1、H_1、V_1 面进行投影,再按图 7-1(b)中的箭头方向把各投影面展开摊平在一个平面上,便得到了六个基本视图,各视图的名称和排列位置如图 7-2(a)所示。这种展开投影面的方法称为第一角画法,也称直接正投影法。

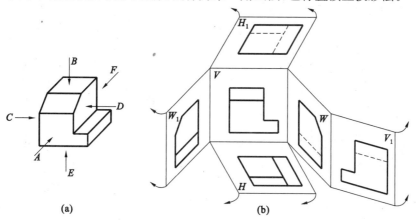

图 7-1 六个基本视图的形成和展开方法

(a) 投射方向;(b) 基本视图的展开方法

7.1.2　图样的布置和标注

在一张图纸上绘制多个视图时，可按图 7-2(a)所示展开的关系配置，也可以按图 7-2(b)所示配置，视图宜按主次关系从左至右依次排列。若仅画图 7-2(b)中的 *A*、*B*、*C* 三个视图时，则这三个视图一般应按投影关系配置，如图 7-2(a)中的 *A*、*B*、*C* 所示，并应按"三等规律"画图。每个视图均应标注图名，并在图名下用粗实线画一条横线，其长度应与图名长度一致。

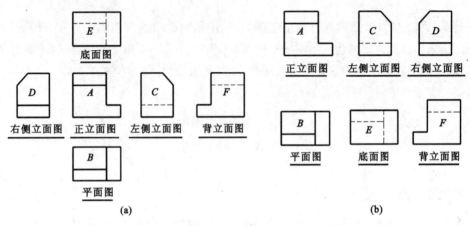

图 7-2　视图配置

7.1.3　镜像投影法

当视图用第一角画法不易表达时，可用镜像投影法绘制。图 7-3(a)所示的形体作水平投影时，其底部看不见的轮廓都要画成虚线，如图 7-3(b)所示，这使看图不便。如果把水平镜面放在形体下面，用镜面代替水平投影面，则当形体向镜面作正投影时，在镜面中映射得到的图像就能使不可见部分变成可见，如图 7-3(c)所示。这样得到的投影称为镜像投影，这种方法称为镜像投影法。镜像投影图应在图名后注写"镜像"二字，如图 7-3(c)所示，或按图 7-3(d)所示方式画出镜像投影的识别符号。

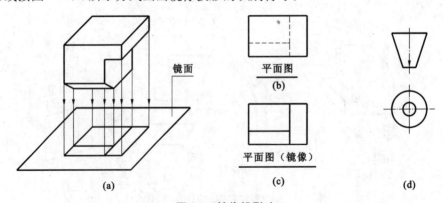

图 7-3　镜像投影法

(a) 镜像投影的形成；(b) 平面图；(c) 平面图(镜像)；(d) 镜像投影识别符号

在建筑装饰施工中,常用镜像投影法来表达室内顶棚的装修、灯具或室内屋顶的图案花纹等构造。

7.2　剖　面　图

7.2.1　剖面图的形成

画形体的视图时,形体上不可见的轮廓线用虚线表示,如图 7-4 所示。当形体内部形状较复杂时,图中会出现许多虚线,使图面虚、实线交叉重叠而混淆不清,给读图和标注尺寸增加困难。为了解决这个问题,制图中常用剖面图来表达。

假想用剖切面(一般为平面)把形体切割成两部分,将处在观察者和剖切面之间的部分移去,而把剩余部分向相应投影面进行投影,所得的图形称为剖面图。

如图 7-5 所示,假想用一个正平面 P 作为剖切平面,通过右圆孔的轴线把形体切成前后两部分,将平面 P 与观察者之间的部分移去,把剩余部分向与 P 面平行的投影面 V 进行投影,所得的图形称为该形体的剖面图,如图 7-6 所示。

若仅画出形体与剖切平面接触部分的图形(截交线围成的平面图形),则称为断面图,如图 7-7 所示。

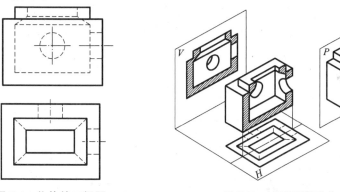

图 7-4　物体的二视图　　　　　　　　　图 7-5　剖面图的形成

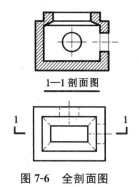

1—1 剖面图

图 7-6　全剖面图

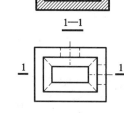

1—1

图 7-7　断面图

断面图与剖面图的主要区别在于：断面图只画出剖切面与形体接触部分（截口）的实形，是面的投影，而剖面图除画出截口的实形外，还需画出沿投射方向能见到的形体余留部分的投影，是体的投影。

7.2.2 剖面图的画法

7.2.2.1 确定剖切位置和投射方向

剖面图中剖切平面的剖切位置和投射方向应根据需要来确定。剖切平面一般应平行于基本投影面，以便使剖切后的图形完整，并反映实形。剖切平面要通过孔、槽等不可见部分的轴线、中心线，以使内部形状得以表达完整、清晰，如图 7-6 所示。如果形体有对称平面，则一般将剖切平面选择在对称平面处。剖面图的投射方向基本上与视图的投射方向相同。

7.2.2.2 剖面图的图线和图例

为了突出剖面图中的断面形状，规定断面图的轮廓线用粗实线画出，非断面图部分的轮廓线用中实线画出。剖面图中一般不画虚线，如图 7-6 所示。

在剖面图中，应在断面轮廓范围内画出表示材料种类的图例，以便区分断面（实体）和非断面（空腔）部分。在不指明形体的材料时，应在断面轮廓范围内画出间隔均匀、疏密适度、方向相同的 45°细实线，这种细实线称为图例线。相同图例相接时，图例线宜错开或使其倾斜方向相反，如图 7-8(a)所示。需画出的材料图例面积过大时，可在断面轮廓内沿轮廓线作局部表示，如图 7-8(b)所示。常用建筑材料图例见表 7-1。

应当注意的是，用剖切面剖切形体是假想的，因此形体的视图画成剖面图后，未剖切部分应按完整的形体画出。

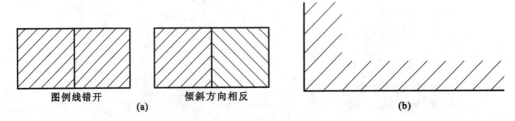

图例线错开   倾斜方向相反

(a)   (b)

图 7-8 图例线的画法

(a) 相同图例相接时的画法；(b) 图例面积过大时的画法

7.2.2.3 剖面图的标注

为了表明图样之间的关系，画剖面图时，应用规定的剖切符号标明剖切位置、投射方向和编号，如图 7-9 所示。

（1）剖切符号

剖面图的剖切符号由剖切位置线和投射方向线组成，均用粗实线绘制。剖切位置线实质上就是剖切平面的积聚投影，规定用两小段粗实线（长度为 6～10 mm）表示，并且不应与其他图线接触。剖切后的投射方向用垂直于剖切位置线的短粗实线（长度为4～6 mm）表示。如投射方向线画在剖切位置线的左边，表示向左投射，如图 7-9 中的 1—1。

表 7-1　　　　　　　　　　　　　　常用建筑材料图例

名称	图例	说明	名称	图例	说明
自然土壤		包括各种自然土壤	饰面砖	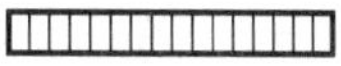	包括铺地砖、马赛克、陶瓷锦砖、人造大理石等
夯实土壤			砂、灰土	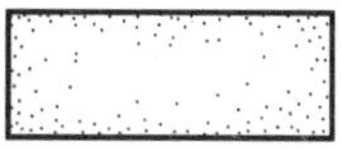	
普通砖	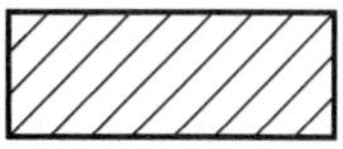	包括实心砖、多孔砖、砌块等砌体,断面较窄不易绘出图例时可涂红,并在图纸备注中加注说明,画出该材料图例	混凝土	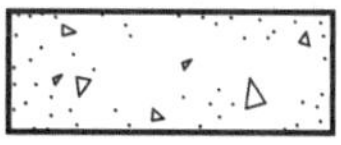	①本图例是指能承重的混凝土; ②包括各种强度等级骨料、添加剂的混凝土;
空心砖		是指非承重砖砌体	钢筋混凝土	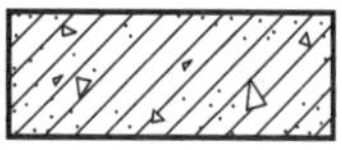	③在剖面图上画出钢筋时,不画图例线; ④断面图形小,不易画出图例线时,可涂黑
木材		1. 上图为横断面图,左上图为垫木、木砖或木龙骨; 2. 下图为纵断面图	金属	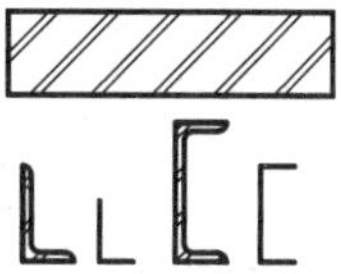	①包括各种金属; ②图形小时可涂黑
玻璃		包括平板玻璃、磨砂玻璃、夹丝玻璃、钢化玻璃、中空玻璃、夹层玻璃、镀膜玻璃等	多孔材料	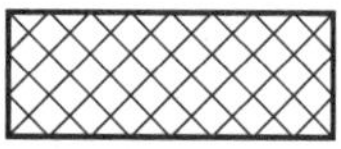	包括水泥珍珠岩、沥青珍珠岩、泡沫混凝土、非承重加气混凝土、软木、蛭石制品等
纤维材料	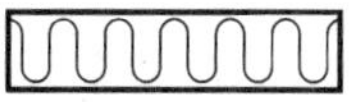	包括矿棉、岩棉、玻璃棉、麻丝、木丝板、纤维板等	防水材料		构造层次多或比例大时,采用上图比例
石膏板	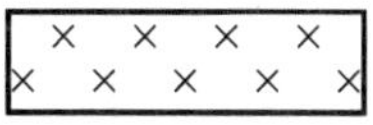	包括圆孔、方孔石膏板,防水石膏板,硅钙板,防火板等	粉刷		本图例采用较稀的点
石材	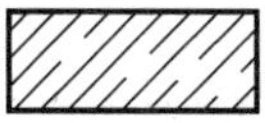		砂砾石、碎砖三合土	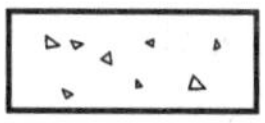	

（2）剖切符号的编号

剖切符号的编号宜采用阿拉伯数字,按顺序由左至右、由下而上连续编排,注写在投射方向线的端部,如图 7-9 中的 1—1、2—2 等。剖切位置线需转折时,应在转角的外端加注与该符号相同的编号,如图 7-9 所示平面图中的 3—3。在剖面图的下方写上与该图对应的剖切符号编号,作为该图的名称,如图 7-9 中的"1—1 剖面图"等,并应在图名下方画上与图名等长的粗实线,如图 7-9 所示。

对习惯使用的剖切符号(如画房屋平面图时通过门、窗洞的剖切位置)通常不标注。

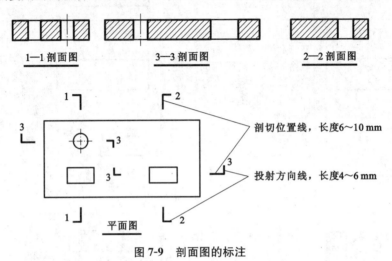

1—1 剖面图　　3—3 剖面图　　2—2 剖面图

剖切位置线,长度6～10 mm

投射方向线,长度4～6 mm

平面图

图 7-9　剖面图的标注

7.2.3　几种常用剖面图

由于形体的内部和外部形状不同,故在画剖面图时,应根据形体的特点和图示要求选用不同种类的剖面图。常用的剖面图有全剖面图、半剖面图、阶梯剖面图、旋转剖面图、局部剖面图。

7.2.3.1　全剖面图

假想用一个剖切平面把形体整个剖开,画出的形体剖面图称为全剖面图,如图 7-6 所示。

当形体不对称,外形较简单而内部结构较复杂,或形体不对称,其内外形状都较复杂,但其外形可由其他视图表达清楚时,常采用全剖面图。此外,虽然对称但外形较简单的形体,如空心回转体等,也常采用全剖面图。

7.2.3.2　半剖面图

对称的形体需要表达内部和外部形状时,可以对称符号或对称线为界,一半画表示外形的视图,另一半画表示内形的剖面图。这种由半个视图和半个剖面图组成的图形称为半剖面图,如图 7-10 所示。

半剖面图主要用于表达内外形状均较复杂且对称的形体。画图时应注意下列几点:① 在半剖面图中,半个外形视图和半个剖面图的分界线应画成细点画线,而不应画成其他图线;② 半剖面图中的剖面图部分一般画在图形垂直对称线的右侧或水平对称线的下侧;③ 半剖面图中对称于粗实线的虚线省去不画;④ 半剖面图的标注与全剖面图相同。

　　在半剖面图中,如图 7-10 所示,剖面图和视图之间以对称符号为分界线。对称符号由对称线和两端的两对平行线组成。对称线用细单点长画线绘制;平行线用细实线绘制,其长度为 6~8 mm,间距为 2~3 mm。对称线垂直平分两对平行线,两端超出平行线 2~3 mm。

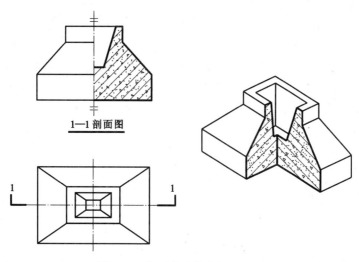

图 7-10　杯形基础的半剖面图

7.2.3.3　阶梯剖面图

　　用两个或两个以上互相平行的剖切平面剖切形体所得到的剖面图,称为阶梯剖面图,如图 7-11 所示。图中,1—1 剖面图就是假想用两个相互平行且平行于 V 面的平面 P 和 Q 剖开形体后,在 V 面上得到的阶梯剖面图。

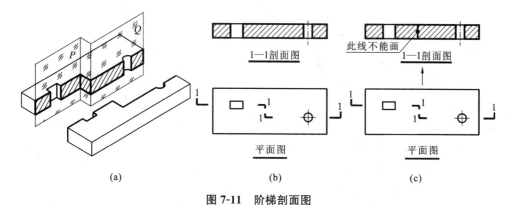

图 7-11　阶梯剖面图
(a) 形成;(b) 正确画法;(c) 错误画法

　　当形体上有较多层次的内部孔、槽,不能用一个既平行于基本投影面,又通过孔、槽轴线的剖切平面把孔、槽都剖切到时,采用阶梯剖的方法就能解决该问题。

　　画图时应当注意:剖切是假想的,所以在画阶梯剖面图时,不画两个剖切平面直角转折处的分界线。如图 7-11(c)所示的 1—1 剖面图中,画出与平面图中 1—1 转折处对应的一条粗实线是错误的,不能画此线。剖切平面的转折处也不应与图中的轮廓线重合,且在图形内不应出现不完整形。为使转折处的剖切位置线不与其他图线发生混淆,应在转角的外侧加注与剖切符号相同的编号,如图 7-11(b)所示。

7.2.3.4　旋转剖面图

用两个相交且其交线垂直于某基本投影面的剖切面对形体进行剖切,形体被剖切后,以交线为轴,将其中倾斜部分旋转到与投影面平行的位置再进行投影,所得到的剖面图称为旋转剖面图。

图 7-12 所示为两管道的接头井,用一个剖切面不能同时剖切到两管子的接头处,因此用两个相交的平面同时剖开该形体。之后把剖切平面与观察者之间的部分移去,并将左侧的倾斜部分绕轴线旋转到与 V 面平行后再进行投影,就得到了接头井的旋转剖面图。旋转剖面图的标注与阶梯剖面图相同,但在所得剖面图的图名后应加注"(展开)"二字,如图 7-12 所示。

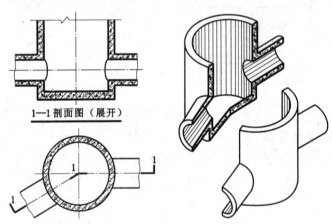

图 7-12　接头井的旋转剖面图

7.2.3.5　局部剖面图和分层局部剖面图

当形体只有局部的内部构造需要清晰表达时,用剖切面局部剖开形体,所得的剖面图称为局部剖面图。局部剖面图不标注剖切符号,也不标注剖面图的图名;局部剖面图与视图之间以波浪线为分界线。波浪线不能超出图形的轮廓线或穿过孔洞,也不能与图上其他图线重合。图 7-13 所示为杯形基础的局部剖面图,在视图中假想将杯形基础局部剖开,它清晰地表达了杯形基础的钢筋配置情况。

为了表达建筑物的局部构造层次,并保留其部分外形,可用几个互相平行的剖切平面分别将形体局部剖开,把几个局部剖面图重叠在一个视图上,所得的剖面图称为分层局部剖面图。分层局部剖面图应按层次用波浪线将各层的投影隔开,波浪线不应与任何图线重合。这种剖面图多用于表达层面、地面和楼面的构造。图 7-14 所示为板条抹灰隔墙面分层局部剖面图,它表示各层所用材料和做法。

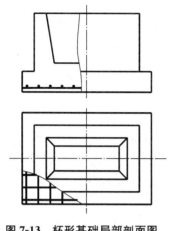

图 7-13　杯形基础局部剖面图

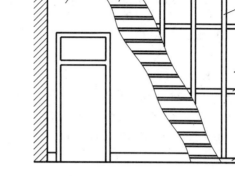

图 7-14　隔墙面分层局部剖面图

7.3　断　面　图

前面已介绍过,用一个剖切平面将形体剖开后,画出的剖切平面与形体接触部分的图形(截交线围成的平面图形)称为断面图。当只需表达形体某部分的断面形状时,常用断面图来表达,如图 7-15 所示。

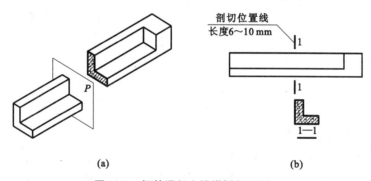

(a)　　　　　　　　　　　(b)

图 7-15　钢筋混凝土楼梯板断面图

7.3.1　断面图的画法

① 断面图的剖切符号只画出剖切位置线,不画投射方向线,并用粗实线绘制,长度为 6～10 mm。

② 断面图剖切符号的编号宜采用阿拉伯数字,按顺序连续编排,并注写在剖切位置线的一侧。编号数字所在的一侧即为该断面的投射方向,如编号写在剖切位置线的右侧,就表示从左向右投射。

③ 断面图的正下方只注写编号表示图名,而常省去编号后面的"断面图"三字,并在编号数字下面画一粗实线,其长度以图名所占长度为准,如图 7-15(b)所示。

④ 画断面图时,不对称形体与投射方向的关系密切,如图 7-15(b)所示形体的 1—1 断面图是从左向右投射的。该形体剖切位置处是由一竖板和一横板组成的。在该处从左向右看时,竖板在左边,所以画断面图时就应把竖板画在左边。

7.3.2 几种常用的断面图

7.3.2.1 移出断面图

画在视图以外的断面图称为移出断面图。移出断面图的轮廓线用粗实线绘制,断面图上还要画出材料图例。为了看图方便,移出断面图最好画在剖切位置线的延长线上,如图 7-16(a)所示,也可以画在其他恰当的地方。当一个形体有多个断面图时,应按顺序依次整齐地排列,如图 7-16(b)所示。

根据需要,断面图可用较大的比例画出。如图 7-16(b)所示,钢筋混凝土柱的断面图就是放大一倍画出的。

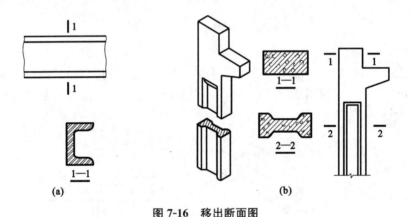

图 7-16 移出断面图

(a)槽钢断面图;(b)钢筋混凝土柱断面图

7.3.2.2 中断断面图

画在形体视图中断处的断面图称为中断断面图,不用标注,如图 7-17 所示。

中断断面图多用于长度较长且断面形状不变的构件。画该图时,原长度可以缩短,构件断开处画波浪线,但应标注构件总长度,如图 7-17 中的"1500"和"2000"均为构件的总长度。中断断面图是移出断面图的特殊情况。

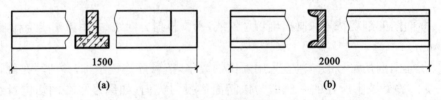

图 7-17 中断断面图

(a)挑梁断面图;(b)槽钢断面图

7.3.2.3 重合断面图

形体的断面以剖切位置线为轴旋转 90°，使它与视图重合后画出的断面图称为重合断面图。其可以向左、向右、向上、向下旋转。重合断面图的比例应与视图相同；断面轮廓线要比视图的轮廓线粗些，以便区别。重合断面图一般可省去标注，但一般应在断面图的轮廓线内画材料图例，如图 7-18 所示。断面较窄的钢筋混凝土图例可以涂黑，如图 7-19 所示。

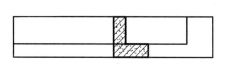

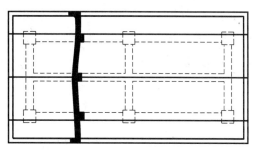

图 7-18　楼梯板重合断面图　　　　图 7-19　断面图在结构布置图上

7.2.2.2 小节中已介绍过，在不指明形体的材料时，可在断面的轮廓线以内画出图例线。房屋屋面和墙立面只要求在重合断面的轮廓线之内沿轮廓线边沿用间隔均匀、疏密适度、方向相同的 45°细实线即图例线画出，以便区分剖与未剖部分，以及了解重合断面图的部分情况和旋转方向。如图 7-20 所示，该重合断面图表达了屋面的形状和坡度，并可看出断面的旋转是从左向右的；又如图 7-21 所示，墙立面的重合断面图表达了墙立面上装饰花纹的凹凸情况，并可看出断面旋转是由上向下的。

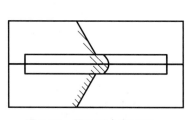

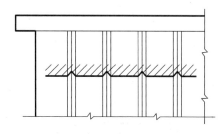

图 7-20　屋面重合断面图　　　　图7-21　墙壁上装饰花纹的重合断面图

7.4　简　化　画　法

7.4.1　对称画法

当视图对称时，若只有一条对称线，则可只画出视图的一半，如图 7-22(a)所示；若有两条对称线，则可画出视图的四分之一，如图 7-22(b)所示，但都必须画出对称线并加画对称符号。

对称视图画一半时,可以稍稍超出对称线,然后加上用细实线画出的折断线或波浪线,而不画出对称符号,如图7-22(c)所示。

对称的形体需要画剖面图时,可以画成半剖面图,如图7-10所示。

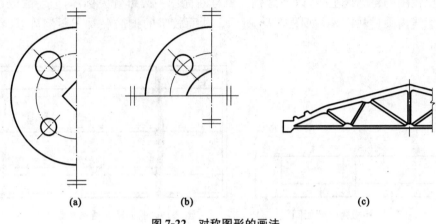

(a)　　　　　　(b)　　　　　　(c)

图7-22　对称图形的画法

7.4.2　省略画法

7.4.2.1　省略相同要素

对于构配件内多个完全相同而连续排列的构造要素,可仅在两端或适当位置画出完整形状,其余部分以中心线或中心线交点表示,如图7-23(a)所示。当相同构造要素数量少于中心线交点时,则相同构造要素应用中心线交点处的小圆点表示,如图7-23(b)所示。

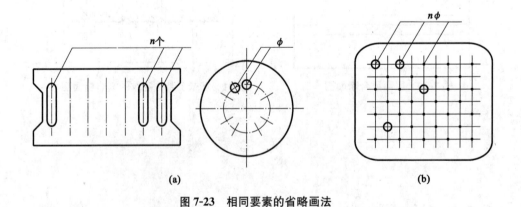

(a)　　　　　　　　　　(b)

图7-23　相同要素的省略画法

7.4.2.2　省略折断部分

对于较长的构件,若沿长度方向的形状相同或按一定规律变化,则可只画出构件的两端,将中间折断部分省去不画。在折断处应以折断线表示,折断线两端应超出最外轮廓线2~3 mm,其尺寸应按原构件长度标注,如图7-24所示。

7.4.2.3　省略局部相同部分

一个构配件如与另一构配件仅部分不相同,则该构配件可只画出不同部分,但应在两个构配件相同部分与不同部分的分界线处分别绘制连接符号,两个连接符号应在同一线上。连接符号是用带相同字母的折断线表示的,字母应分别写在符号的左右两侧,如图 7-25 所示。

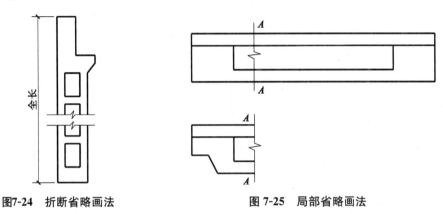

图7-24　折断省略画法　　　　　　　　图 7-25　局部省略画法

【复习思考题】

7-1　试述六个基本视图的名称。房屋建筑图中常用的视图是哪五个?

7-2　什么叫作剖面图? 剖面图和断面图的区别是什么?

7-3　什么叫作全剖面图? 它的适用条件是什么? 如何标注?

7-4　在什么情况下采用半剖面图? 其剖与不剖的分界线是什么? 半剖面图中对称于粗实线的虚线如何处理?

7-5　在什么情况下使用阶梯剖面图? 它的标注有什么要求?

7-6　为了区分实体与空腔,在剖切平面与实体接触部分(断面部分)应画出什么? 不指明材料时应画出什么符号? 如何画?

7-7　什么叫作移出断面图? 画这种图时应注意什么?

7-8　什么叫作重合断面图? 房屋屋面的重合断面图主要用于表达什么?

8　建筑施工图

8.1　概　　述

用正投影法按"国标"的规定画出的房屋建筑物图样,称为房屋建筑图,简称房屋图。

房屋设计程序一般分为初步设计和施工图设计两个阶段。施工图设计是根据批准的初步设计文件,对工程建设方案作进一步具体化、明确化,通过详细的计算与安排,绘制出正确、完整的用于指导施工的图样。这种图样称为施工图。施工图按照内容和作用,一般分为建筑施工图、结构施工图、设备施工图。

(1) 建筑施工图(简称建施)

建筑施工图主要用于表达建筑物的总体布局、外部造型、内部布置、细部构造、内外装饰等。建筑施工图包括总平面图、平面图、立面图、剖面图、结构详图和门窗表等。

(2) 结构施工图(简称结施)

结构施工图只表达建筑物各承重构件的布置和构造情况。结构施工图包括结构布置平面图(基础平面图、楼层结构平面图、屋面结构平面图等)和各构件的结构详图(基础、梁、板、柱、楼梯、屋面的结构详图)。

(3) 设备施工图(简称设施)

设备施工图是主要用于表达建筑物各专业管道、设备布置及安装要求的图样。设备施工图包括给水排水、采暖通风、电气等设备的布置和详图。

为了绘制和识读房屋建筑图,首先应了解房屋各组成部分的名称和作用。房屋的类别很多,其内部组合和外部形状各不相同。根据它们的用途,一般可分为工业建筑(如各种厂房、库房、发电站等)、农业建筑(如农机站、粮仓、饲养场等)和民用建筑(如住宅、集体宿舍、学校、医院、公寓、宾馆、车站、码头、博物馆等)。无论哪种房屋建筑,都是由许多构件、配件和装修结构组成的。图 8-1 所示为一栋四层职工宿舍,其组成部分有基础、内外墙、楼板、门、窗和楼梯,屋顶设有屋面板。此外,其还设有阳台、雨篷、保护墙身的勒脚线和装饰性的花格等。

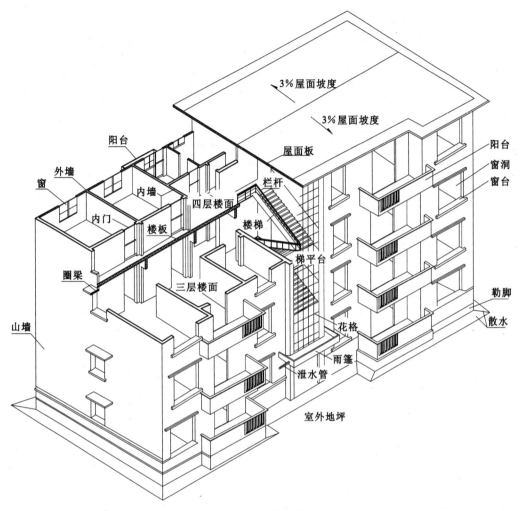

图 8-1　房屋的组成

8.2　建筑施工图的有关规定

在绘制建筑施工图时,应严格遵守建筑工程制图国家标准。下面介绍国家标准中有关建筑施工图的一些规定。

8.2.1　比例

在保证图样清晰的前提下,根据不同图样选用不同比例。各种图样常用比例见表 8-1。

图名	比例
总平面图	1∶500、1∶1000、1∶2000
建筑物或构筑物的平面图、立面图、剖面图	1∶50、1∶100、1∶150、1∶200、1∶300
建筑物或构筑物的局部放大图	1∶10、1∶20、1∶25、1∶30、1∶50
配件及构造详图	1∶1、1∶2、1∶5、1∶10、1∶15、1∶20、1∶30、1∶50

表 8-1　　　　　　　　　　　常用比例

8.2.2　图线

因房屋形体较大,内部结构又比较复杂,故一般房屋图的比例小,图线多而密。在图样上往往只画可见轮廓线,很少画不可见轮廓线。

为了使房屋图中图线表示的内容有区别且层次分明,需采用不同的图线宽度来表示。

在绘图时,首先根据所绘图样的具体情况选定粗实线的宽度 b,其他相关图线的宽度就随之确定了。如粗实线宽度为 b,则中粗实线宽度为 $0.7b$,中实线宽度为 $0.5b$,细实线宽度为 $0.25b$,详见表 1-11。线宽 b 通常取 0.7 mm;若图形复杂或比例很小(例如1∶100),则 b 可取为0.5 mm。

8.2.3　定位轴线及其编号

在施工中,将确定房屋墙、柱等主要承重构件平面位置的轴线称为定位轴线。它是施工时定位放线的依据,也是标注定位尺寸的基准。对于非承重分隔墙等次要承重构件,一般用附加定位轴线来确定其位置。

定位轴线用单点长画线绘制并予以编号。编号写在轴线端部的圆圈内,圆圈用细实线绘制,直径为 8~10 mm。定位轴线圆的圆心应在定位轴线的延长线上。

平面图上定位轴线的编号宜注写在图形的下方或左侧。对于较复杂或不对称的房屋,图形的上方或右方也可标注。横向编号采用阿拉伯数字,从左到右顺序编写。竖向编号采用拉丁字母,自下而上顺序编写。Ⓐ轴线表示 A 号轴线后附加的第一条轴线。

大写拉丁字母中的 I、O 及 Z 三个字母不得用作轴线编号,以免与数字混淆。

8.2.4　标高

8.2.4.1　标高符号

建筑图中,某一部分的标高用标高符号表示。

标高符号应用直角等腰三角形表示,按图 8-2(a)所示,其用细实线绘制。当标注位置不够时,也可按图 8-2(b)所示形式绘制。标高符号的具体画法应符合图 8-2(c)、(d)的规定。

总平面图室外地坪标高符号宜用涂黑的三角形表示,具体画法应符合图 8-3(a)的规定。

标高符号的尖端应指至被注高度的位置,尖端宜向下,也可向上,标高数字应注写在标高符号的上侧或下侧,如图 8-3(b)所示。

在图样的同一位置需表示几个不同标高时,标高数字可采用图 8-3(c)所示形式注写。

标高数字应以 m 为单位,注写到小数点后第三位,在总平面图中可注写到小数点后第二位。

零点标高应注写成 ± 0.000,正数标高不注"+",负数标高应注"-",如 3.000、-0.600。

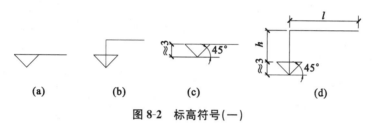

图 8-2　标高符号(一)

l—取适当长度注写标高数字;h—根据需要取适当值

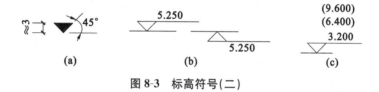

图 8-3　标高符号(二)

8.2.4.2　标高种类

(1)绝对标高

我国把青岛附近某处黄海的平均海平面定为绝对标高的零点,其他各地的标高都以它为基准,如图 8-4 中的▼495.00 就是绝对标高。

(2)相对标高

标高的基准面(即±0.000 水平面)是根据工程需要选定的,这种标高称为相对标高。在一般房屋建筑中,通常取首层室内主要地面作为相对标高的基准面。

8.2.5　图例及代号

建筑物是按比例缩小后绘制在图纸上的。对于一些建筑细部、构件形状等,往往不能如实画出,也难以用文字注释表达清楚,所以用统一规定的图例和代号来表示,以达到简单明了的效果。建筑制图标准中规定了各种图例。表 8-2 和表 8-3 中分别列出了总平面图例和一些常用建筑构造及配件图例。

表 8-2　　　　　　　　　　　　　　　总平面图例

名称	图例	说明	名称	图例	说明
新建建筑物	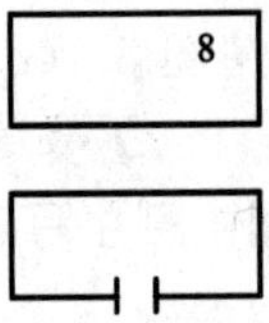 8	①上图为不画出入口图例,下图为画出入口图例; ②需要时,可在图形内右上角以点数或数字(高层宜用数字)表示层数; ③用粗实线表示	烟囱	⊕	实线为烟囱下部直径,虚线为基础,必要时可注写烟囱高度和上下口直径
原有建筑物	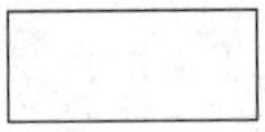	①应注明拟利用者; ②用细实线表示	围墙及大门		①上图为砖石、混凝土或金属材料的围墙; ②下图为镀锌铁丝网、篱笆等围墙
计划扩建的预留地或建筑物		用中虚线表示	散装材料露天堆场		需要时可注明材料名称
拆除的建筑物	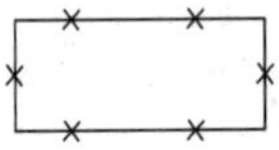	用细实线表示	坐标	X 110.00 Y 85.00 A 132.51 B 271.42	上图表示测量坐标,下图表示施工坐标
新建的地下建筑物或构筑物	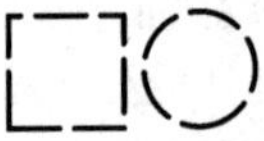	用粗虚线表示	雨水井		
填挖边坡		边坡较长时可在一端或两端局部表示	消火栓井		
新建的道路	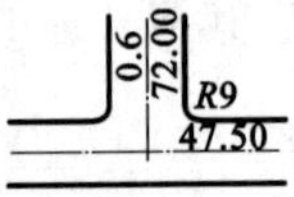 0.6 72.00 R9 47.50	"R9"表示道路转弯半径为 9 m;"47.50"为路面中心控制点标高;"0.6"表示 0.6%,为纵向坡度;"72.00"表示变坡点间距离	室内标高	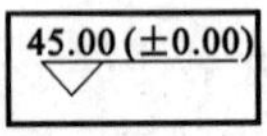 45.00(±0.00)	
			室外标高	 ▼ 80.00	
公路桥梁	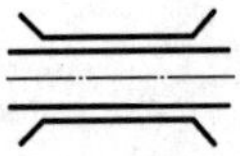	用于旱桥时应说明	原有道路	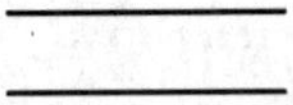	
铁路桥梁	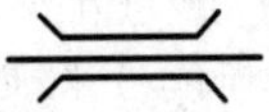	用于旱桥时应说明	计划扩建道路		

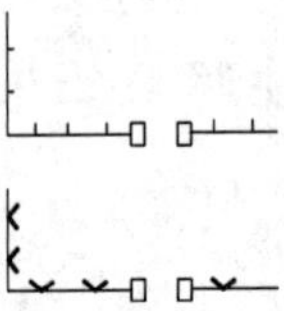

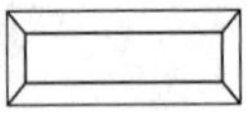

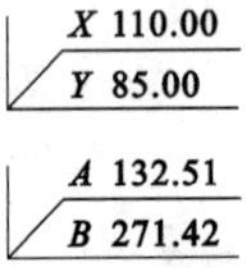

表 8-3 常用建筑构造及配件图例

名称	图例	说明	名称	图例	说明
墙体	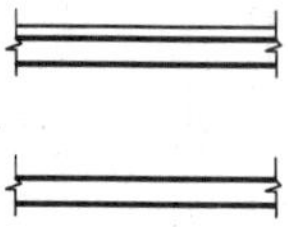	①上图为外墙,下图为内墙;②外墙细线表示有保温层或有幕墙	栏杆		上图为非金属扶手,下图为金属扶手
隔断		①加注文字、涂色或进行图案填充表示各种材料的轻质隔断;②适用于到顶与不到顶隔断	检查孔		右图为可见检查孔,左图为不可见检查孔
楼梯		①上图为底层楼梯平面,中图为中间层楼梯平面,下图为顶层楼梯平面;②楼梯的形式和步数应按实际情况绘制	孔洞		
			单面开启单扇门(包括平开或单面弹簧)	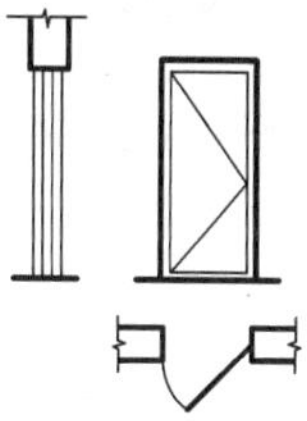	①门的名称代号用 M 表示;②剖面图上左为外,右为内,平面图上下为外,上为内;③立面图上开启方向线交角的一侧为安装合页的一侧,实线为外开,虚线为内开;④平面图上的开启弧线及立面图上的开启方向线,在一般设计图上不需要表示,仅在制作图上表示;⑤立面形式应按实际情况绘制
			单面开启双扇门(包括平开或单面弹簧)	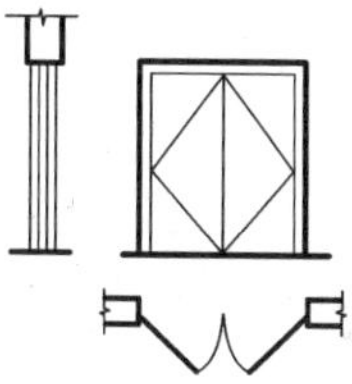	
空门洞		h 为门洞高度	单层固定窗	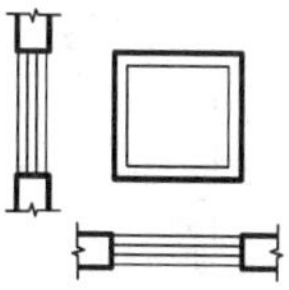	①窗的名称代号用 C 表示;②立面图中的斜线表示窗的开关方向,实线为外开,虚线为内开;开启方向线交角的一侧为安装合页的一侧,一般在设计图中不表示;③剖面图上左为外,右为内,平面图上下为外,上为内;④平、剖面图上的虚线仅说明开关方式,在设计图中需表示;⑤窗的里面形式应按实际情况绘制
墙预留洞	宽×高或 ϕ				
墙预留槽	宽×高×深或 ϕ		单层外开平开窗	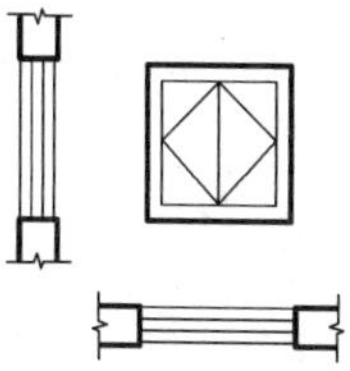	
烟道					
通风道					

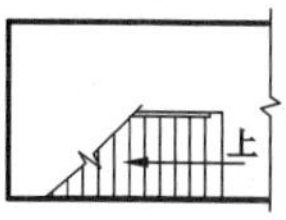

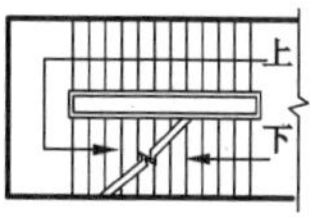

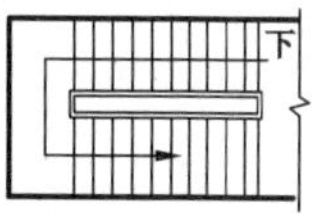

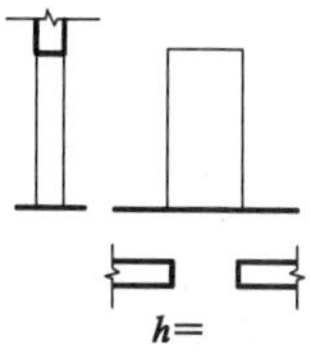

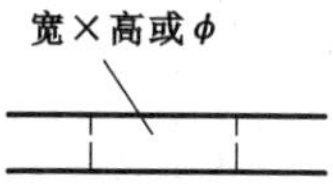

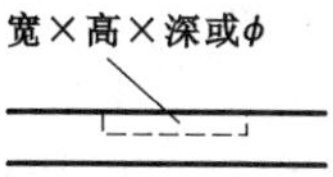

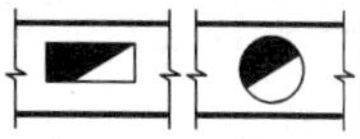

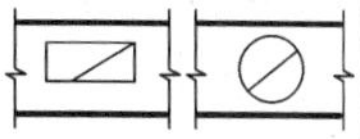

8.3　建筑施工图的识读

　　阅读房屋施工图时,应先粗后细,先大后小;应先从施工总说明、总平面图中了解房屋的位置和周围环境情况,再看平面图、立面图、剖面图、详图等。读图时还应注意各图样间的关系,配合起来分析。

　　本节以一幢四层职工宿舍为例,说明建筑施工图的读图方法和步骤。

8.3.1　建筑总平面图

8.3.1.1　建筑总平面图的作用

　　建筑总平面图是反映新建、拟建、原建、拆除的建筑物、构筑物在一定范围建筑基地上总体布置情况的水平投影图,简称总平面图。图 8-4 所示为某校一个生活区的总平面图,它主要用于表达新建建筑物的平面形状、层数、位置、朝向、标高、占地范围、相互间距、道路布置等。建筑总平面图是新建房屋施工定位、土方施工总平面设计的重要依据。

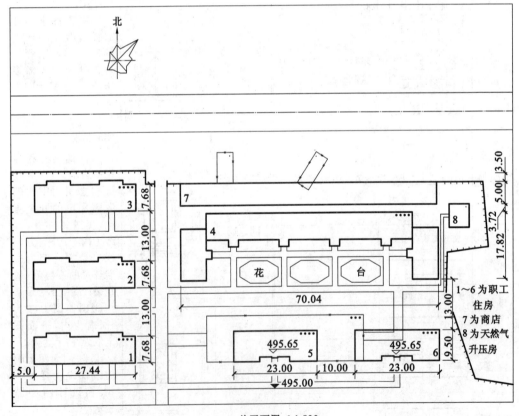

总平面图 1:500

图 8-4　某校职工生活区总平面图

8.3.1.2 建筑总平面图的基本内容和要求

(1) 比例

总平面图通常采用较小的比例,如 1∶500、1∶1000 等。图 8-4 所示的总平面图采用的是 1∶500 的比例。

(2) 图例

房屋总平面图的图例见表 8-2。

房屋总平面图的比例小,常用图例来表达新建区或扩建区的总体布置。图 8-4 所示总平面图上的房屋、道路等都用图例表示。总平面图中,房屋平面图的右上角以点数(高层宜用数字)表示房屋的层数,图 8-4 中的 1~6 号房屋均为 4 层。

(3) 图线

新建建筑物的轮廓线用粗实线绘制,拆除房屋、原有房屋、道路等的轮廓线用细实线绘制。

(4) 确定新建或扩建建筑物的位置

一般根据原有房屋或道路来确定建筑物的位置,并以 m 为单位标注定位尺寸。当新建成片建筑物时,常用坐标来确定建筑物和道路转折点等的位置。图 8-4 所示总平面图因为比较简单,所以没有用坐标确定定位。

(5) 绝对标高的标注

在新建房屋首层室内地面和室外整平地面标注绝对标高。如图 8-4 所示,首层室内地面的绝对标高为 495.65 m,室外整平地面的绝对标高为 495.00 m。应当注意,室内与室外的绝对标高符号是不同的,见表 8-2。

(6) 风向频率玫瑰图(简称风玫瑰图)

风向频率玫瑰图是根据多年统计的各个风向平均吹风次数,按一定比例绘制的。离中心点最远的风向表示常年该风向的刮风次数最多,如图 8-4 中常年以东北风为多,有箭头的方向为北向。图中实线表示全年风向频率。若在风玫瑰图中除实线外还有虚线,则虚线玫瑰图表示 6、7、8 三个月统计的夏季风向频率。新建房屋的朝向(一般指主要出入口所在墙面所面对的方向)可从风玫瑰图中了解。如图 8-4 所示,新建 5 号房屋等是朝南的。

8.3.2 建筑平面图

8.3.2.1 建筑平面图的形成和作用

建筑平面图实际上是房屋某层的水平剖面图。也就是假想用一个水平剖切面在窗台上方沿门、窗洞剖切后,对剖切平面以下部分所作的剖面图。其常称建筑平面图,简称平面图。它主要用于表达房屋的平面形状、大小和房间的布置,墙或柱的位置、大小、厚度和材料,门窗的类型和位置等情况。它是施工图中的基本图样之一。

一般地说,多层房屋应该画出各层平面图,并在图的下方注明相应的图名,如首层平面图(±0.000 标高的平面图)、二层平面图等。此外,还有屋面平面图,它是房屋顶面的水平投影(较简单的房屋可以不画)。但当有些楼层的平面布置相同或仅有局部不同时,则只需画出一个共同的平面图(也称标准层平面图)。至于局部不同的地方,可另画局部平面图。本例属于房屋左右对称,而且二、三、四层平面布置完全相同,故只绘制首层平面图和二层平面图,见图 8-5、图 8-6。

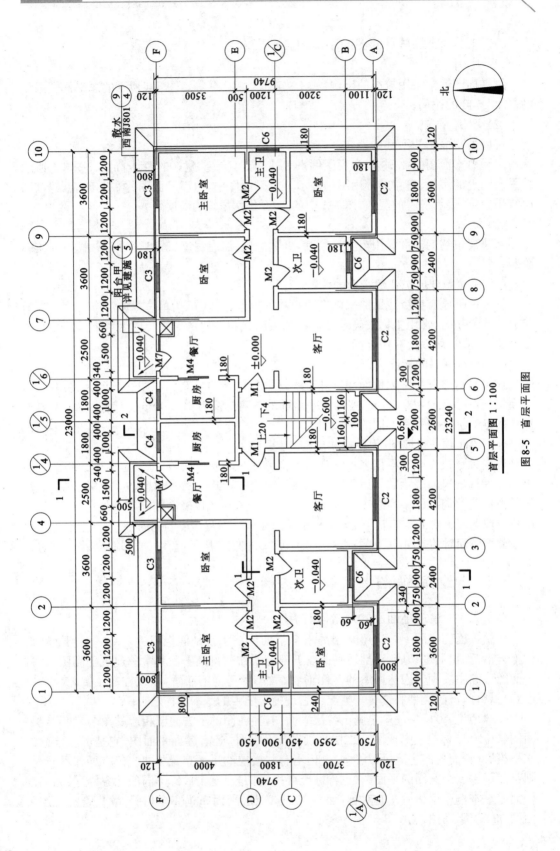

首层平面图 1:100

图8-5 首层平面图

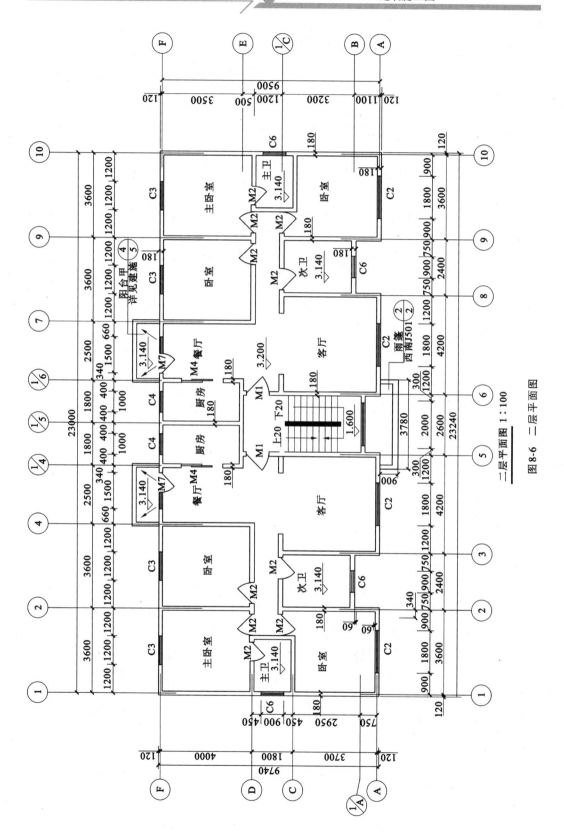

二层平面图 1:100

图 8-6　二层平面图

8.3.2.2 建筑平面图的内容和要求

现以图 8-5 所示首层平面图为例说明平面图的内容和要求。

（1）图示内容

如图 8-5 所示，水平剖切面是沿房屋首层的门、窗洞位置剖切的，称为首层平面图。图 8-6 中的水平剖切面是沿二层的门、窗洞位置剖切的，称为二层平面图。它们的图示内容如下：

① 表明房屋的平面形状、总长和总宽（房屋的一端外墙面到另一端外墙面的长度）。

② 从图中墙的分隔情况和房间名称可看出房间的布置、用途、数量和相互间的联系情况。这幢房子只有一个单元，每层有两个套房，每个套房有三间卧室、一间客厅、一间餐厅、一间主卫、一间次卫、一间厨房，还有阳台、雨篷、台阶、散水等。

③ 由于首层平面图是从首层窗台上方沿门、窗洞剖切后得到的水平剖面图，因此在楼梯间只画出了第一个梯段的下半部分，并按规定把折断线画为 45°斜线。图中第⑤、⑥轴线之间的"上 20"是指首层到二层两个梯段共有 20 步梯级。

④ 首层左右侧面的砖墙厚为 240 mm，相当于一块标准砖（240 mm×115 mm×53 mm）的长度，通称一砖墙。

⑤ 根据图中定位轴线的编号了解墙（柱）的位置和数量。该楼房竖向有 6 根、横向有 10 根承重墙轴线，它们是竖、横向内外墙定位放线的基准线。另外，还有 5 根附加轴线，它们分别是卫生间、厨房的隔离轴线。

⑥ 首层平面图中应画出剖面图的剖切符号和表示朝向的指北针。

（2）有关规定和要求

① 定位轴线。定位轴线和附加定位轴线的编号方法见 8.2.3 小节。

② 图线。建筑图中的图线粗细分明，被剖切到的墙、柱的断面轮廓线及剖面符号用粗实线（b）画出；没有剖切到的可见轮廓线，如台阶、窗台、花池等用中粗实线（$0.7b$）画出；尺寸线、尺寸界线、标高符号、图例线、定位轴线、定位轴线的圆圈等用细实线（$0.25b$）画出。

③ 图例。因平面图的比例较小，所以门窗等建筑配件的图例按规定表示，见表 8-3。门的开启线用 45°中实线表示。该实线的起点为墙轴线，长度为门洞的宽，另一端与圆弧相接，圆弧也用细实线。

从图中的门、窗图例及其编号，可以了解门、窗的种类、数量和位置。《建筑制图标准》（GB/T 50104—2010）规定，门的代号为 M，窗的代号为 C，代号后面的数字为编号，如 M1、M2、C1、C2 等。同一编号表示同一类型的门、窗。一般在建筑施工总说明或建筑平面图上附有门窗表，其中列出了门、窗的编号、名称、尺寸、数量以及选用标准图集的编号等，见表 8-4。

表8-4 门窗表

门或窗	编号	名称	洞口尺寸 $B \times H$ / (mm×mm)	樘数	标准图代号	标准图集及页次
门	M1	全板镶板门	1000×2700	8	×-1027	西南J601,3
	M2	半玻镶板门	900×2700	40	P×-0927	西南J601,5
	M3	半玻镶板门	800×2700	8	仿P×-0927	西南J601,5
	M4	半玻镶板门	1800×2700	8	P×-1827	西南J601,5
	M5	全板镶板门	800×2700	16	×-0824	西南J601,3
	M6	百叶镶板门	700×2000	8	Y×-0720	西南J603,3
	M7	带窗半玻门	1500×2700	8	C×-1527	西南J601,4
窗	C2	上幺玻窗	1800×1800	8	S.1818	西南J701,7
	C3	上幺玻窗	1200×1800	16	S.1218	西南J701,7
	C4	上幺玻窗	1000×1800	8	S.1018	西南J701,7
	C5	无幺玻窗	400×600	16	仿S.0610	西南J701,3
	C6	中悬窗	900×700	8	F.0907	西南J701,6

不同比例平面图的材料图例画法如下：《建筑制图标准》(GB/T 50104—2010)规定，比例大于1∶50的平面图，宜画出材料图例；比例为1∶200~1∶100平面图的材料图例可用简化画法(如在墙砖的断面上涂红，在钢筋混凝土构件的断面上涂黑)；比例小于1∶200的平面图可不画材料图例。习惯上，比例为1∶200~1∶100平面图的砖墙断面不画材料图例，而在钢筋混凝土构件的断面上涂黑，图8-5、图8-6所示平面图中的砖墙断面均不画材料图例。

④ 平面图中的尺寸标注。在平面图上标注的尺寸有三种：外部尺寸、内部尺寸和标高。

外部尺寸一般应标注三道尺寸。第一道尺寸是距离图形较近的尺寸，是以定位轴线为基准，标注外墙门、窗洞的定形尺寸和定位尺寸，如图8-5中的C2宽度1800 mm，窗边距轴线900 mm。第二道尺寸是定位轴线之间的尺寸，即开间、进深尺寸，如图8-5中卧室的开间尺寸为3600 mm。第三道尺寸是房屋的总长、总宽尺寸，如图8-5中的"23240""9740"。上述尺寸，除预制花饰等构件外，均不包括粉刷厚度。内部尺寸表示内墙上门、窗洞的定形尺寸和定位尺寸及墙厚，各柱子的断面尺寸，首层楼梯起步尺寸等。

室内外地面的高度用标高表示，一般首层主要房间的地面高度为零，标注为"±0.000"，如图8-5中的客厅地面高度，另外还应标注楼梯间地面、卫生间地面、台阶顶面、阳台顶面、楼梯平台、室外地面的标高，如图8-5中室外地面标高为"−0.650"等。

⑤ 首层平面图的指北针。首层平面图应在明显的地方画出指北针，指北针的圆用细实线绘制，圆的直径为24 mm，指北针尾部宽3 mm。需用较大直径绘制时，指针尾部宽度宜为该圆直径的1/8，指针尖端部位写上"北"或"N"。从图8-5中的指北针可以看出，

该楼房坐北朝南。

⑥ 剖面图的剖切位置要在首层平面图中画出,如图 8-5 中的 1—1 和 2—2 所示。

8.3.3　建筑立面图

8.3.3.1　建筑立面图的形成和作用

在与房屋立面平行的投影面上所作的投影图,称为建筑立面图,简称立面图。

立面图的命名方法有:① 有定位轴线的建筑物,宜根据两端定位轴线编号标注立面图名称,如图 8-7 中的①～⑩立面图;② 无定位轴线的建筑物可按平面图各面的朝向确定名称,如图 8-7 中的①～⑩立面图可称为南立面图。上述两种命名方法为"国标"规定的,此外还有一种按建筑墙面特征命名的方法,常把建筑主要出入口所在墙面的立面图称为正立面图。正立面图背后的称为背立面图,两侧分别称为左、右侧立面图。

建筑立面图主要反映房屋的外貌和里面装修的一般做法。

8.3.3.2　建筑立面图的图示内容和要求

现以图 8-7 和图 8-9 所示两立面图说明立面图的图示内容和要求。

(1) 图示内容

图 8-7 所示为①～⑩立面图(也可称南立面图),是房屋的主要立面图。它的中部有一个主要出入口(大门),上面设有雨篷。在①～⑩立面图上表明了南立面的门、窗、阳台的形式和布置,还表示出了大门口踏步等的位置。屋顶表达了女儿墙(又称压檐墙)。

图 8-8 所示为⑩～①立面图。

图 8-9 所示为Ⓕ～Ⓐ立面图,也可称为西立面图,图中有四个窗子,窗周围有雨篷和阳台。在该立面图中,屋顶面前后各有 3% 的坡度,外墙上写着"清水砖墙",即未加抹灰粉的砖墙面。

(2) 有关规定和要求

① 定位轴线。在立面图中一般只画出两端的定位轴线及其编号,以便与平面图对照读图。图 8-7 中只标注了①和⑩两条定位轴线,可确切地判别立面图的方位。

② 图线。为了使立面图的外形清晰,应把房屋立面图的外轮廓线(也称外包轮廓线)用粗实线(b)画出,室外地坪线用特粗实线($1.4b$)画出,立面轮廓线内的主要轮廓线,如门窗洞、檐口、阳台、雨篷、窗台、台阶等用中粗实线($0.7b$)画出。门窗扇及其格线、花饰、雨水管、墙面分隔线、标高符号等用细实线($0.25b$)画出。

③ 图例。由于立面图所用比例较小(与平面图相同),无法用真实的投影去表达一切细节,因此立面图中的定形构配件在立面图中的投影,如门窗扇等,也按规定图例绘制,见表 8-3。

④ 尺寸标注。在立面图上标注的尺寸均指建筑表面装修工作结束后的表面尺寸(即完成面的尺寸)。

立面图上的高度尺寸主要用标高标注。各层楼面、首层室内地面、室外地坪、屋顶、女儿墙、门窗洞、雨篷和阳台底面等的高度均用标高标注。标高一般标注在图形外,并要求上下对齐,大小一致。

在立面图中,凡需绘制详图的部位,还需画上详图索引符号。

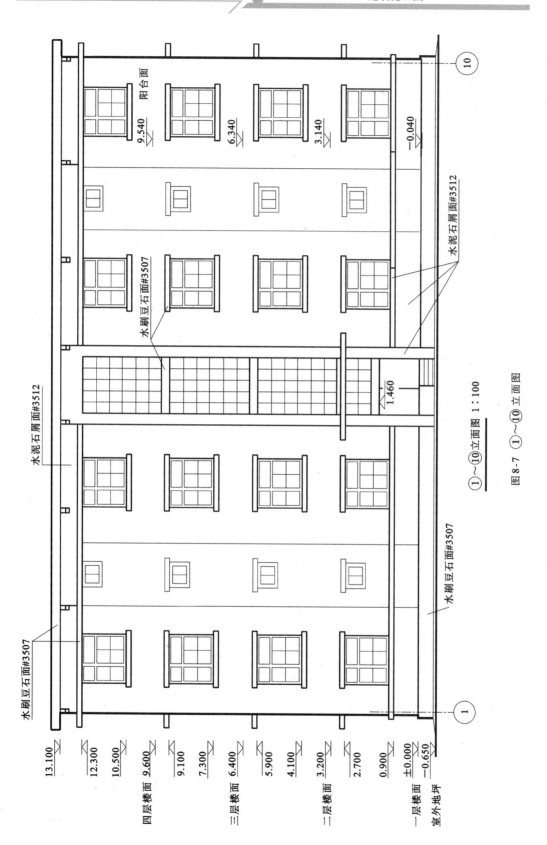

图 8-7 ①～⑩立面图

①～⑩立面图 1:100

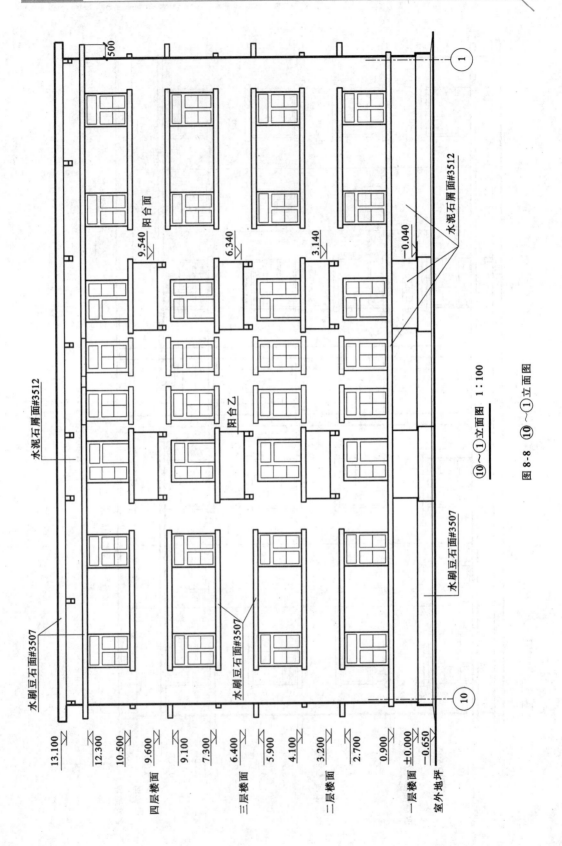

图 8-8 ⑩～①立面图

⑩～①立面图 1:100

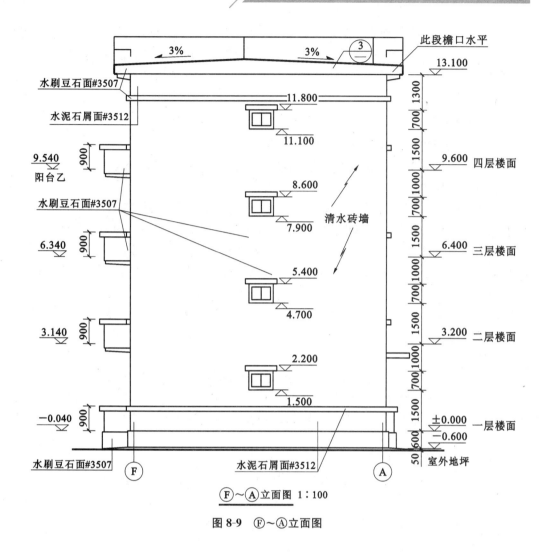

图 8-9 (F)~(A)立面图

8.3.4 建筑剖面图

8.3.4.1 建筑剖面图的形成和作用

假想用一个(或一个以上)平行于房屋侧面墙或正面墙的剖切平面剖开房屋,所得的剖面图称为建筑剖面图。

在建筑施工中,剖面图是进行分层,砌筑内墙,铺设楼板、层面板、楼梯以及进行内部装修的依据,是建筑施工最重要的图样之一。

剖面图的剖切位置应选择在内部结构比较复杂和有代表性的部位,例如门窗洞,主要入口。若为多层房屋,则应选择在通过楼梯间或层高、层数不同的部位进行剖切。因此,剖切平面一般平行于房屋的侧面,必要时也可平行于正面。剖切到楼梯间时,一般应剖切往上行的第一梯段,必须向未被剖到的第二梯段所在的一侧投影。剖面图的数量是根据建筑物的复杂程度和具体情况来确定的。剖面图的剖切符号应画在首层平面图上。

图 8-10 中,2—2 剖面图的剖切位置可以在图 8-5 中查到。该图是用通过厨房、楼梯间,且平行于有关墙面的平面在往上行的第一梯段剖切,并向第二梯段所在的一侧投影所得的全剖面图。如果用一个剖切平面不能满足要求,可在适当的地方再画全剖面图或阶梯剖面图。图 8-10 中的 1—1 剖面图也可以从图 8-5 中找到剖切位置。从图 8-5 中可以看出,该图是通过餐厅、卧室、次卫的阶梯剖面图。

8.3.4.2 建筑剖面图的图示内容和要求

现以图 8-10 所示的建筑剖面图为例,说明剖面图所需表达的内容和要求。

(1) 图示内容

在建筑剖面图中,除了有地下室的情况外,一般不画出室内外地面以下部分,只在室内外地面以下的基础墙部位画出折断线,因为基础部分将由结构施工图中的基础图来表达。在剖面图中只画一粗实线(b)来表达室内外地面线,并标注各部位的不同标高,例如 -0.065、-0.060、-0.040、±0.000 等标高。所绘各室内地面的标高数字都是地面粉刷后的顶面标高。

各层楼面都设置楼板,屋面设置屋面板,它们放置在砖墙或楼(屋)面梁上。为了满足屋面排水需要,可将屋面板铺设成一定的坡度,如图 8-10 中的 2—2 剖面图,屋面板的坡度为 3%。

在图 8-10 中,除了必须画出被剖切到的构件(如墙身、室内外地面、各层楼面、屋面、各种梁、楼梯段及平台等)外,还应画出未被剖切到的可见部分(如可见楼梯段、栏杆扶手、门、窗、内外墙轮廓、踢脚线等)。墙身、门窗洞的矩形涂黑断面(图 8-10)为该房屋钢筋混凝土门、窗的过梁和圈梁。

(2) 有关规定和要求

① 图线。被剖切到的主要构件(如墙体、楼地面、屋面结构部分等)的轮廓线以及室内外地坪线均用粗实线(b)画出,次要构件或构造、未被剖切到的主要构件(如门窗洞、内外墙等)的轮廓线、可见的楼梯段、栏杆扶手的轮廓线、踢脚线等均用中粗实线($0.7b$)画出,门窗扇及其分格线、外墙分格线、标高符号等均用细实线($0.25b$)画出。

② 尺寸标注。建筑剖面图中应标注必要尺寸,即垂直方向的尺寸和标高以及外墙在水平方向的轴向尺寸,一般只标注剖到部分的尺寸。

外墙的竖向尺寸一般标注三道:第一道为洞口尺寸,包括门窗洞口及洞间墙的高度尺寸;第二道为层间尺寸,即首层地面至二层楼面、其余各层楼面至上一层楼面的尺寸,同时需要注出室内外地面的高差尺寸;第三道为总高尺寸,是指由室外地面至檐口或女儿墙顶的高度尺寸。

建筑剖面图还需标注室内外各部分(地面、楼面、楼梯休息平台面、屋顶檐口顶面等)的标高和某些梁底面处的标高。

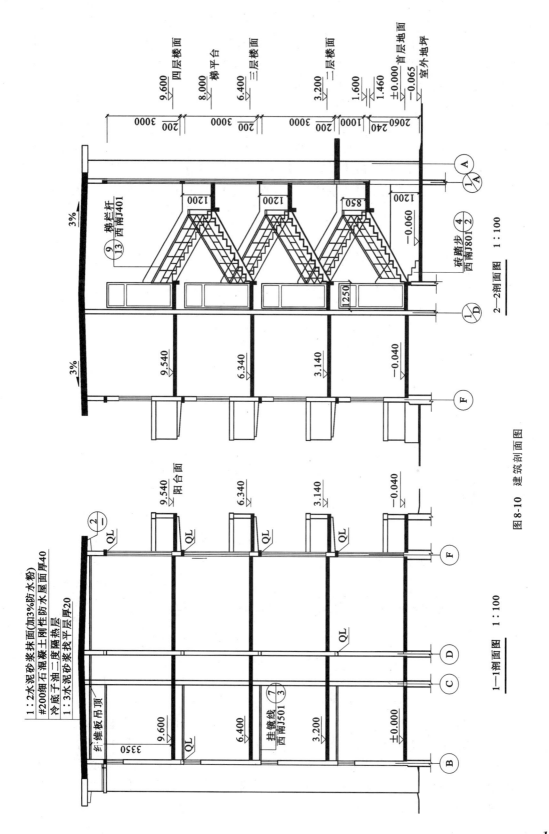

图 8-10 建筑剖面图

2—2剖面图 1:100

1—1剖面图 1:100

在建筑剖面图上,标高所标注的高度位置与立面图一样,有建筑标高(也称完成面标高)和结构标高(也称毛面标高)之分。当标注构件的上顶面标高时,应标注到粉刷完成后的顶面(如各层楼面标高);而标注构件的底面标高时,应标注到不包括粉刷层的结构底面(如各梁底标高),如图 8-11 所示。但门、窗洞上的顶面和底面均标注到不包括粉刷层的结构面。

房屋的地面、楼面、屋面等是由不同材料构成的,因此在剖面图中常用引出线按层次顺序用文字说明,如图 8-10 中的 1—1 剖面图。

房屋倾斜表面(如屋面、散水等)需用坡度表明倾斜的程度。如图 8-10 所示,2—2 剖面图中屋面上方的坡度是用百分数 3% 表示坡度大小的,其下方用半边箭头表示水流的方向。

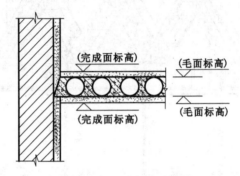

图 8-11　完成面标高与毛面标高的标注示例

8.3.5　建筑详图

房屋建筑图的平面图、立面图、剖面图的比例都比较小,细部构造无法表达清楚,需要用较大的比例把房屋细部构造及构配件的形状、大小、材料和施工方法详细地表达出来,这种图样称为建筑详图。

画建筑详图时,首先在平面图、立面图、剖面图中用索引符号表示所画详图的位置和编号,索引符号的画法如图 8-12 所示。

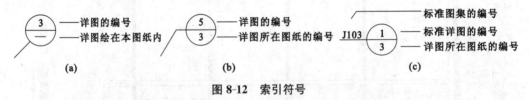

图 8-12　索引符号

索引符号若用于索引剖面详图,则应在被剖切的部位绘制剖切位置线(6~10 mm 长的粗实线),并用引出线引出索引符号。引出线所在的一侧为剖视方向,如图 8-13 所示。

引出线指向详图所要表示的位置,线的另一端画圆圈,圆和直径用细实线绘制,圆的直径应为 10 mm。水平直径上面标注详图的编号,下面标注该详图所在图纸的编号。若详图在本张图纸内,则用一横线(0.15b)代替编号。图 8-12(a)表示第 3 号详图在本张图纸内;图 8-13(a)表示第 1 号剖面详图在本张图纸内,作剖面图时的投射方向是从右向左,如图 8-13(a)中的箭头方向所示。

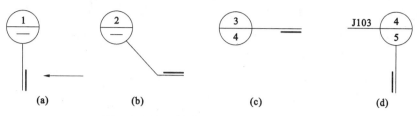

图 8-13 用于索引剖面详图的索引符号

详图的位置和编号应以详图符号表示。详图符号应用直径为 14 mm 的粗实线圆表示。详图与被索引的图样同在一张图纸内时,应在详图符号内用阿拉伯数字注明详图的编号,如图 8-14(a)所示。

详图与被索引的图样不在同一张图纸内时,应用细实线在详图符号内画一水平直径,在上半圆中注明详图编号,在下半圆中标注被索引图样所在的图纸编号,如图 8-14(b)所示。檐口、山墙檐口的详图如图 8-15 所示。

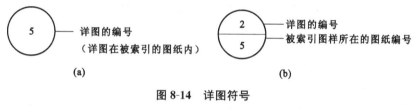

图 8-14 详图符号

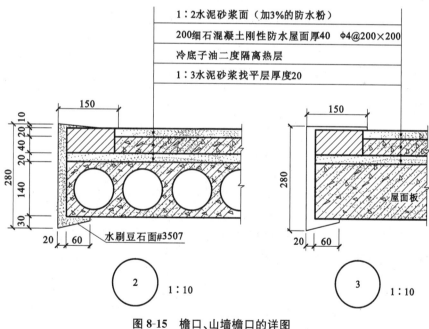

图 8-15 檐口、山墙檐口的详图

8.3.6 楼梯详图

楼梯是楼房上下交通的主要设施,是由楼梯段(简称梯段,包括踏步和斜梁)、平台和栏杆(或栏板)组成的。其构造一般较复杂,需画详图才能满足施工要求。楼梯详图一般包括平面图、剖面图、踏步和栏杆的详图等,主要表达楼梯类型、结构形式、尺寸和装修的做法,是楼梯施工放样的主要依据。

8.3.6.1 楼梯平面图

楼梯平面图常用 1∶50 的比例画出。楼梯平面图实际上是用位于该层向上走的第一梯段中部的水平剖切面剖切所得的剖面图。它表明梯段的水平长度和宽度、各级踏面的宽度、平台的宽度、栏杆扶手的位置以及其他一些平面形状。

各层楼梯平面图中应标出楼梯间的定位轴线,其首层平面图中还应注明楼梯剖面图中的剖切位置;除标注楼梯间的开间和进深尺寸、楼层面和平台面的标高外,还需标注各细部的详细尺寸。

一般每层楼梯都要画一个平面图。若中间各层楼梯的梯段数、踏步数和大小尺寸等都相同,则通常只画首层、中间层和顶层三个平面图。首层、二层、顶层的楼梯平面图如图 8-16 所示。

楼梯平面图的剖切位置在该层向上走的第一梯段的中部,被剖切的梯段用 45°或 30°折断线表示,在每一梯段处画一个箭头,并注写"上"或"下"和踏步数。如图 8-16 所示,二层楼梯平面图中,"下 20"表示从二层楼面往下走 20 步即可到达首层地面,"上 20"表示从二层楼梯面往上走 20 步即可到达三层楼面。各层楼梯平面图上所画的每一分格,表示梯段的每一踏面。但因梯段最高一级的踏面与平台面或楼层面重合,因此平面图中的每一梯段所画出的踏面数比步级数少一个踏面,即少一格。所以,在该平面图中注写"10×280=2800",实际上是把梯段最高一级与平台面或楼层面重合的那个踏面的宽度加进去了。

8.3.6.2 楼梯剖面图

楼梯剖面图常用 1∶50 的比例画出。假想用一个铅垂剖切平面(3—3)通过各层向上走的第一梯段和门、窗洞将楼梯剖开,并向另一个没有被剖到的梯段所在的一侧投影,所得的剖面图就是楼梯剖面图,如图 8-17(a)所示。其剖切位置规定画在首层平面图中。图 8-17(b)所示为 3—3 剖面图的轴测图。从剖面图中可了解楼房的层数、梯段数、步级数和楼梯构造形式等。

剖面图中注有地面、平台、楼面的标高以及各梯段的高度尺寸。在高度尺寸中,"10×160=1600"中的 10 是步级数,160 mm 是每步级的高度,1600 mm 是梯段高。该楼房每层楼有两个梯段,从首层地面到四层楼共有六个梯段。楼梯栏杆为空花式钢木结构,扶手选用西南建筑标准图集中的硬木扶手。

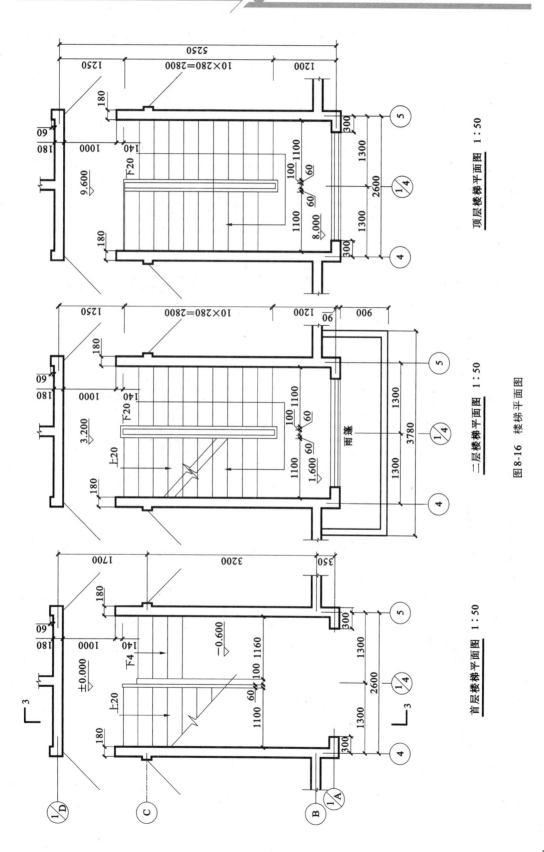

顶层楼梯平面图 1:50

二层楼梯平面图 1:50

首层楼梯平面图 1:50

图8-16 楼梯平面图

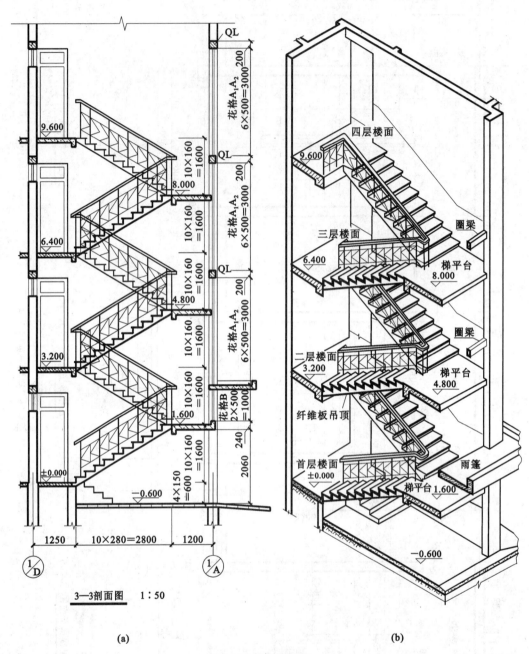

(a)

(b)

图 8-17　楼梯剖面图

8.4   房屋建筑施工图的绘制

对于建筑施工图的绘制,除了必须掌握平面图、立面图、剖面图及详图的内容和图示特点外,还应遵照绘制施工图的方法和步骤。一般先画平面图,然后画立面图、剖面图、详图等。

现以职工宿舍建筑平面图、立面图、剖面图为例,说明绘图的几个步骤。

8.4.1   平面图的绘制步骤

平面图的绘制步骤如图 8-18 所示,步骤如下:

第一步,画定位轴线;

第二步,画墙身线和门、窗位置;

第三步,画门窗、楼梯、台阶、阳台、厨房、散水、厕所等细部;

第四步,画尺寸线、标高符号等。

按上述绘图步骤完成底稿后,认真校核,确定无误后,按图线粗细的要求加深,最后注写尺寸、标高数字、轴线编号、文字说明、详图索引符号,填写标题栏并完成全图。

8.4.2   立面图的绘制步骤

第一步,画地坪线、定位轴线、楼面线、屋面线和外墙轮廓线;

第二步,画门、窗、雨篷、阳台、台阶等的轮廓线;

第三步,画门、窗扇、窗台、台阶、勒脚、花格等细部;

第四步,画尺寸线、标高符号,注写装修说明等。

8.4.3   剖面图的绘制步骤

第一步,画室内外地坪线、楼面线、墙身轴线及其轮廓线、楼梯位置线;

第二步,画门、窗位置,楼板、屋面板、楼梯平台板,楼梯轮廓线;

第三步,画门、窗扇、窗台、雨篷、门窗过梁、檐口、阳台、楼梯等细部;

第四步,画尺寸线、标高符号等。

由此可以看出,平面图、立面图、剖面图的绘制步骤为:首先画定位轴线网,然后画建筑物构配件的主要轮廓线,再画各建筑物细部,最后画尺寸线、标高符号、索引符号等。检查无误后,加深图线,注写尺寸数字、标高数字,添加有关文字说明及填写标题栏等,完成全图。

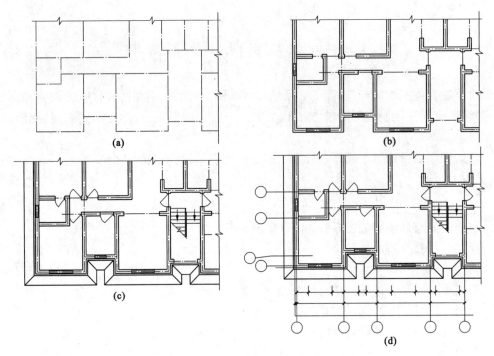

图 8-18　平面图的绘制步骤

(a) 第一步；(b) 第二步；(c) 第三步；(d) 第四步

【复习思考题】

8-1　建筑施工图包括哪些图表？

8-2　建筑平面图是怎样形成的？建筑平面图主要包括哪些内容？

8-3　平面图有哪三道尺寸？各道尺寸有什么特点？

8-4　首层平面图中应标注哪些标高？标高符号应如何画？

8-5　平面图中有哪几种实线？如何区别其粗细层次？

8-6　正立面图中应标注哪些尺寸和标高？

8-7　立面图中有哪几种实线？如何区分其粗细层次？

8-8　建筑剖面图是怎样形成的？剖面图的剖切符号应画在哪一层平面图中？

8-9　剖面图的剖切位置通常选在房屋内的什么地方？当剖切面剖到楼梯间时应注意什么？

8-10　建筑详图中若用索引符号索引剖面详图，应在被剖切的部位绘制剖切位置线，并应用引出线引出索引符号。引出线所在一侧与剖视方向有什么关系？

8-11　索引符号和详图符号应怎样画？

9 结构施工图的识读

9.1 概　述

房屋的基础、墙、柱、梁、楼板、屋架和屋面板等是主要承重构件,它们构成支撑房屋自重和外荷载的结构系统,好像房屋的骨架。这种骨架称为房屋的建筑结构,简称结构,如图 9-1 所示。各种承重构件称为结构构件,简称构件。

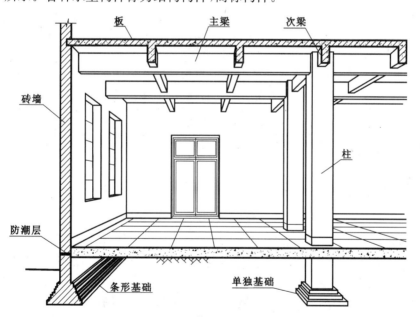

图 9-1　房屋结构图

在房屋设计中,除进行建筑设计,画出建筑施工图外,还要进行结构设计和计算,确定房屋各种构件的形状、大小、材料及内部构造等,并绘制图样。这种图样称为房屋结构施工图,简称"结施图"。

结构施工图主要作为施工放线,挖基坑,安装模板,绑扎钢筋,浇筑混凝土,安装梁、板、柱等构件以及编制施工预算、施工组织设计、计划等的依据。结构施工图包括以下三方面内容:

① 结构设计说明。

② 结构平面图,包括基础平面图、楼层结构平面图、屋面结构平面图。

③ 构件详图,包括梁、板、柱及基础结构详图,楼梯结构详图,屋架结构详图和其他详图。

房屋结构的基本构件(如梁、板、柱等)品种繁多,布置复杂。为了使图示简单明确,便于施工查阅,"结标"规定常用构件名称用代号表示,见表 9-1。

表 9-1 **常用构件代号表**

序号	名称	代号	序号	名称	代号	序号	名称	代号
1	板	B	15	吊车梁	DL	29	基础	J
2	屋面板	WB	16	圈梁	QL	30	设备基础	SJ
3	空心板	KB	17	过梁	GL	31	桩	ZH
4	槽形板	CB	18	连系梁	LL	32	柱间支撑	ZC
5	折板	ZB	19	基础梁	JL	33	垂直支撑	CC
6	密肋板	MB	20	楼梯梁	TL	34	水平支撑	SC
7	楼梯板	TB	21	檩条	LT	35	梯	T
8	盖板或沟盖板	GB	22	屋架	WJ	36	雨篷	YP
9	挡雨板或檐口板	YB	23	托架	TJ	37	阳台	YT
10	吊车安全走道板	DB	24	天窗架	CJ	38	梁垫	LD
11	墙板	QB	25	框架	KJ	39	预埋件	M
12	天沟板	TGB	26	刚架	GJ	40	天窗端壁	TD
13	梁	L	27	支架	ZJ	41	钢筋网	W
14	屋面梁	WL	28	柱	Z	42	钢筋骨架	G

预应力钢筋混凝土构件代号,应在以上构件代号前加注"Y",如 Y-KB 表示预应力钢筋混凝土空心板。

承重构件所用材料有钢筋混凝土、钢、木、砖石等,所以按材料不同可分为钢筋混凝土构件、钢构件、木构件等。

本章仍以第 8 章中图 8-5 所示房屋为例,说明结构施工图的图示内容和阅读方法。该四层楼房的主要承重构件除砖墙外,其他都采用钢筋混凝土构件。砖墙的布置、尺寸已在建筑施工图中表明,所以不需再画砖墙施工图,只在施工总说明中写明砖和砌筑砂浆的规格和标号即可。该楼房的"结施图"中需画出基础平面图和详图,楼层结构平面图,屋面结构平面图,楼梯结构详图,阳台结构详图,各种梁、板的结构详图及各构件的配筋表等。

钢结构图、木结构图和构件详图等均有各自的图示方法和特点,本节从略。下面仅以"结施图"中的基础图、楼层结构平面图和部分钢筋混凝土构件详图为例,说明图示特点和读图方法。

9.2 基 础 图

基础图是用于表达房屋内地面以下基础部分的平面布置和详细构造的图样,通常包括基础平面图和基础断面详图。它是房屋建筑施工时,在地面放灰线、开挖基坑和砌筑基础的依据。

基础是在建筑物地面以下承受房屋全部荷载的构件,由它把荷载传给地基。地基是支承基础的土层,基坑是为基础施工而开挖的坑槽,基底就是基础底面。砖基础由基础墙、大放脚、垫层组成,如图9-2(a)所示。基础的形式一般取决于上部承重结构的形式,常用形式有条形基础[图9-2(b)]和单独基础[图9-2(c)]。现以图9-3中的条形基础为例进行介绍。

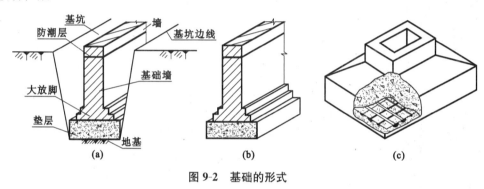

图 9-2 基础的形式

9.2.1 基础平面图

基础平面图是假想用一个水平剖切面在房屋的室内地面与基础之间把整幢房屋剖开后,移开上层房屋和基坑回填土后画出的水平剖面图,如图9-3所示。它表示未回填土时基础平面的布置情况。

在基础平面图中,要求用粗实线画出墙(或柱)的边线,用细实线画出基础边线(指垫层底面边线)。习惯上不画大放脚(基础墙与垫层之间阶梯形的砌体称为大放脚)的水平投影,基础的细部形状将在基础详图中具体反映。基础平面图的常用比例为1∶100或1∶200。纵、横向轴线编号应与相应的建筑平面图一致,剖到的基础墙或柱的材料图例应与建筑剖面图相同。尺寸标注时,主要注出纵、横向各轴线之间的距离以及基础宽和墙厚等。图9-3所示为图8-5所示房屋的基础平面图,比例为1∶100,该房屋的基础全部是条形基础。纵、横向轴线两侧的粗实线是基础墙边线,细实线是基础底面边线。如①号轴线,图中注出的基础宽度为1400 mm,基础山墙厚为370 mm,左右墙边到①号轴线的定位尺寸为185 mm,基础边线到轴线的定位尺寸为700 mm。总体来看,①、②、③、④、⑦、⑧、⑨、⑩轴线处的墙基宽度都是1400 mm,⑤、⑥轴线处的墙基宽度为1200 mm;Ⓐ、Ⓑ、Ⓒ、Ⓓ、Ⓕ轴线处的墙基宽度为900 mm,Ⓔ、Ⓚ 轴线处的墙基宽度为多少读者自行分析。对于南北阳台基础平面布置图,本图中未表示。

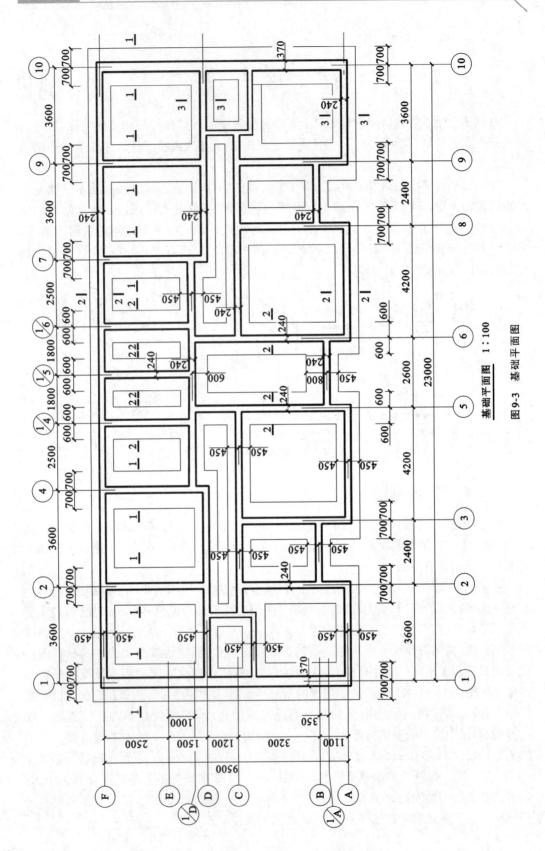

基础平面图 1：100

图9-3 基础平面图

9.2.2　基础断面详图

　　基础平面图只表示出了房屋基础的平面布置,而基础各部形状、大小、材料、构造及基础的埋置深度均未表达出来,所以需要画出基础断面详图。同一幢房屋,由于各处荷载不同,地基承载能力不同,故基础形状、大小不同。对于不同的基础,要画出它们的断面图,并在基础平面图上用1—1、2—2、3—3等剖切线表明该断面的位置,如图9-3所示。如果基础形状相同,配筋形式类似,则只需画出一个通用断面图,再用附表列出不同基础底宽及配筋即可。

　　基础断面详图就是基础的垂直断面图。如图9-4所示,基础断面详图是用1:20的比例画出的,1—1、2—2、3—3中表示出了条形基础底面线、室内外地面线,但未画出基坑边线。其详细画出了砖墙大放脚的形状和防潮层的位置,标注了室内地面标高±0.000、室外地坪标高−0.650 m、基础底面标高−1.800 m,由此可以算出基础的埋置深度是1.80 m(指室内地面至基础底面的深度)。三种断面的基础都用混凝土做垫层,上面是砖砌的大放脚,再上面是基础墙。所有定位轴线(点画线)都在基础墙身的中心位置。如2—2是条形基础2—2的断面详图,混凝土垫层高300 mm,宽1200 mm;垫层上面是四层大放脚,每层两侧各缩65 mm(或60 mm),每层高125 mm;基础墙厚240 mm,高1000 mm;防潮层在室内地面下60 mm处;轴线到基底两边距离均为600 mm;轴线到基础墙两边的距离均为120 mm。阳台的基础详图从略。

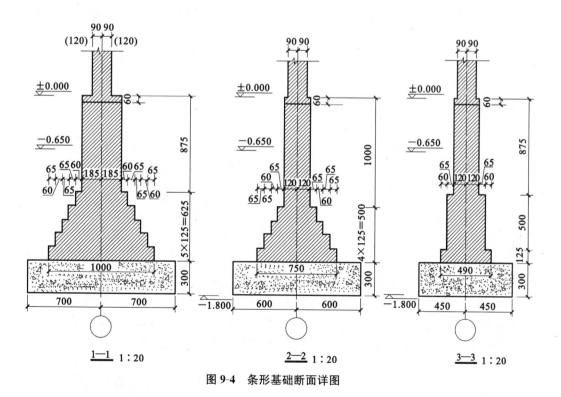

图9-4　条形基础断面详图

9.3　楼层结构平面图

　　楼层结构平面图是表示建筑物室外地面以上各层承重构件平面布置的图样。在楼房建筑中，当底层地面直接建筑在地基上时，一般不再画底层结构平面图，它的做法、层次、材料直接在建筑详图中表明。此时只需画出楼层结构平面图、屋面结构平面图。楼层结构平面图是施工时布置、安放各层承重构件的依据，其图示内容、要求和阅读方法如下。

9.3.1　图示内容和要求

　　楼层结构平面图用来表示每层楼梁、板、柱、墙的平面布置，现浇楼板的构造和配筋以及它们之间的结构关系，一般采用 1∶100 或 1∶200 的比例绘制。对楼层上各种梁、板构件（一般有预制构件和现浇构件两种），在图中用"结标"规定的代号和编号标记。定位轴线及其编号必须与相应的建筑平面图一致。画图时可见的墙身、柱轮廓线用中实线表示，楼板下不可见的墙身线和柱的轮廓线画成中虚线。各种构件（如楼面梁、雨篷梁、阳台梁、圈梁和门窗过梁等）也用中虚线表示它们的外形轮廓；若能用单线表示清楚也可用单线表示，并注明各自的名称、代号和规格。预制楼板可用一条对角线（细实线）表示楼板的布置范围，并沿着对角线方向写出预制楼板的块数和型号。还可用细实线将预制楼板全部或部分分块画出，显示铺设方向。构件布置相同的房间可用代号表明，如甲、乙、丙等。

　　楼梯间的结构布置较复杂，一般在楼层结构平面图中难以表明，常用较大的比例（如 1∶50）单独画出楼梯结构平面图。

9.3.2　识读楼层结构平面图

　　现以图 8-5 所示房屋的二层结构平面图（图 9-5）为例，说明楼层结构平面图的识读方法。

　　二层结构平面图是假设沿二层楼面将房屋水平剖切后画出的水平剖面图，比例为 1∶100。楼板下被挡住的①～⑩轴线、Ⓐ～Ⓕ轴线的内外墙、阳台梁都用中虚线画出。门、窗过梁 GL1、GL2，圈梁 QL，阳台梁 YTL04、YTL12、YTL15 等用粗点画线表示它们的中心位置。楼层上所有的楼板（如 3KB3662、5B3061、B02、2KB2 等）、各种梁（如 GL1、GL2、YTL12、QL 等）都是用规定代号和编号标记的。查看这些代号、编号和定位轴线就可以了解各构件的位置和数量。从这张结构平面图中可以看出，这幢四层楼房属于混合结构，用砖墙承重。楼面荷载通过楼板传递给墙（或楼面梁、柱）。①～⑩轴线、Ⓐ～Ⓕ轴线之间的楼面以下，用砖墙分隔成主卧室、卧室、客厅、餐厅、厨房、主卫等。楼板放置在①～⑧轴线间的横（或纵）墙上。出入口雨篷、山墙窗口上方雨篷由雨篷板 YPM、YPC 构成。阳台由阳台挑梁 YTL12、YTL15、YTL04 等支撑。此外，为了加强楼房整体的刚度，在门、窗口上方设有圈梁 QL，过梁 GL1、GL2 等以及轴线①～⑤、⑥～⑩部分铺设的预制钢筋混凝土空心板 KB。空心板的编号各地不同，没有统一规定，本图用的是西南地区的

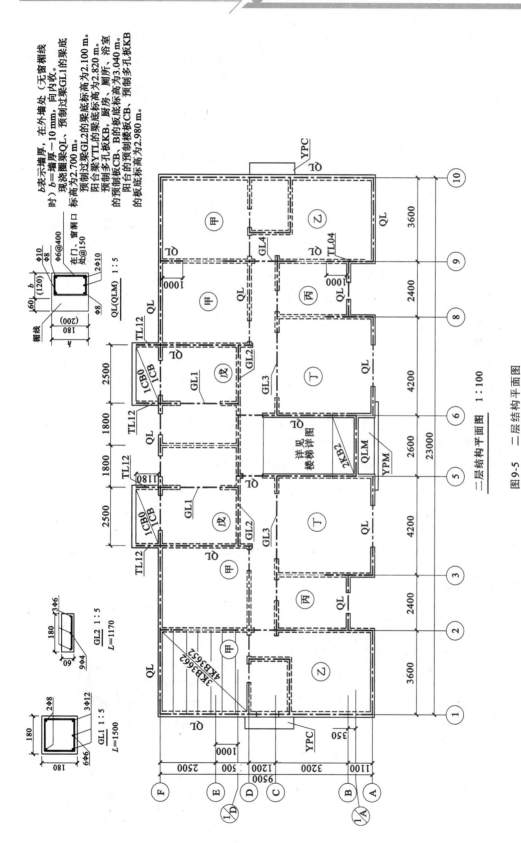

图 9-5 二层结构平面图

编法。如工作室的二层楼面板由 3KB3662 和 7KB3652 铺设。3KB3662 中的第一个"3"表示构件块数，"KB"表示钢筋混凝土多孔板，"36"表示板的跨度为 3600 mm，第二个"6"表示板的宽度为 600 mm，"2"表示活荷载等级。3KB3662 表示 3 块跨度为 3600 mm、宽度为 600 mm、活荷载为 2 级的钢筋混凝土多孔板。

9.4　钢筋混凝土构件详图

9.4.1　概述

楼层结构平面图只可表示建筑物各承重构件的平面布置及它们间的相互位置关系，构件的形状、大小、材料、构造等还需要用构件详图表达。职工宿舍的承重构件除砖墙外，主要是钢筋混凝土结构。钢筋混凝土构件有定型构件和非定型构件两种。定型构件不绘制详图，根据选用构件所在标准图集或通用图集中的名称、代号，便可直接查到相应的结构详图。

为了正确绘制和阅读钢筋混凝土构件详图，应对钢筋混凝土有初步了解。

混凝土是由水泥、砂子、小石块和水按一定比例拌和而成的，凝固后坚硬如石，其受压性能好，但受拉性能差。为此，可在混凝土受拉区域加入一定数量的钢筋，并使两种材料黏结成一整体，共同承受外力。这种配有钢筋的混凝土称为钢筋混凝土，用钢筋混凝土制成的梁、板、柱等结构构件称为钢筋混凝土构件。

按在结构中的作用，钢筋可分为下列五种，如图 9-6 所示。

① 受力钢筋（主筋）。其主要承受拉应力，用于梁、板、柱等各种钢筋混凝土构件。

② 箍筋。其用以固定受力钢筋或纵筋的位置，并承受一部分斜向拉应力，多用于梁和柱内。

③ 架立钢筋。其用以固定箍筋和受力钢筋的位置，构成梁、柱内的钢筋骨架。

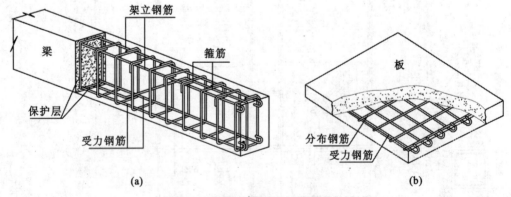

(a)　　　　　　　　　　　　　　(b)

图 9-6　钢筋混凝土梁、板配筋图

④ 分布钢筋。其用以固定受力钢筋的位置,并将承受的外力均匀分配给受力钢筋,一般用于钢筋混凝土板内。

⑤ 其他钢筋,有吊环、腰筋和预埋锚固筋等。

国产建筑用钢筋种类很多,为了便于标注与识别,不同种类和级别的钢筋在"结施图"中用不同的符号表示,如表 9-2 所示。

由钢筋边缘到混凝土表面的一层混凝土保护层,如图 9-6 所示,用以保护钢筋,防止锈蚀。梁、柱保护层一般厚 25 mm,板和墙的保护层可薄至 10~15 mm。

对于光面(表面未做凸形螺纹或节纹)的受力钢筋,为了增加与混凝土的黏结、抗滑力,在钢筋的两端要做成弯钩。钢筋端部弯钩常用的两种类型为半圆钩和直弯钩,如图 9-7 所示。

表 9-2　　　　　　　　　　　　　钢筋的种类和符号

钢筋种类	曾用符号	强度设计值 (N/mm^2)	钢筋种类		曾用符号	强度设计值 (N/mm^2)
Ⅰ级(A3,AY3)	Φ	210	冷拉Ⅱ级钢		Φ^l	380 360
Ⅱ级(20MnSi) $d \leqslant 25$ mm $d = 28 \sim 40$ mm	Φ	310 290	冷拉Ⅲ级钢		Φ^l	420
			冷拉Ⅳ级钢		Φ^l	580
Ⅲ级(25MnSi)	Φ	340	钢绞线	$d = 9.0$ mm $d = 12.0$ mm $d = 15.0$ mm	Φ^j	1130 1070 1000
Ⅳ级(40MnSiV)	Φ	500				
冷拉Ⅰ级钢	Φ^l	250				

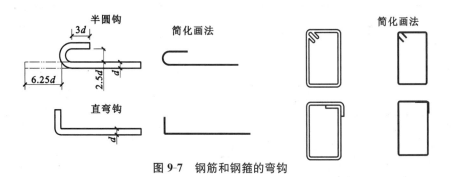

图 9-7　钢筋和钢箍的弯钩

9.4.2　构件详图

钢筋混凝土构件详图是加工钢筋和浇制构件的施工依据,其内容包括模板图、构件配筋图、钢筋详图、钢筋明细表及必要的文字说明等。

(1)模板图

其指构件外形立面图,供模板制作、安装之用,一般对外形复杂、预埋件多的构件需绘制模板图。

(2)构件配筋图

钢筋混凝土构件中钢筋布置的图样称为配筋图,它是主要构件的详图。配筋图除表达构件的形状、大小以外，着重表示构件内部钢筋的配置部位、形状、尺寸、规格、数量等，因此需要用较大的比例将各构件单独地画出来。画配筋图时不画混凝土图例。钢筋用粗实线表示，钢筋的断面用小黑圆点表示，构件轮廓用细实线表示。要对钢筋的类别、数量、直径、长度及间距等加以标注。

下面以图 9-8 所示的钢筋混凝土梁为例，说明配筋图的内容和表达方法。梁的配筋图包括立面图、钢筋详图、断面图和钢箍详图。

① 立面图。立面图(假设混凝土为透明体)反映梁的轮廓和梁内钢筋总的配置情况。图中①、②、③、④四个编号表示该梁内有四种不同类型的钢筋：①、②号都是受力钢筋；②号是弯起钢筋；③号是架立钢筋；④号是钢箍，其引出线上写的 $\frac{\phi 6}{@200}$ 表示直径为 6 mm 的 I 级光圆钢箍，每隔 200 mm 放一根，@是相等中心距的代号。为使图面清晰和简化作图，配置在全梁范围内的等距钢箍一般只画出三四个，并注明其间距。

画立面图时，先画梁的外形轮廓，后画各类钢筋，要注意留出保护层厚度。为了分清主次，钢筋用粗实线画出，梁的外形轮廓用细实线。纵钢筋、钢箍的引出线应尽量采用 45°斜细实线或转折成 90°的细实线。各种钢筋编号圆用细实线绘制，圆的直径为 4~6 mm。

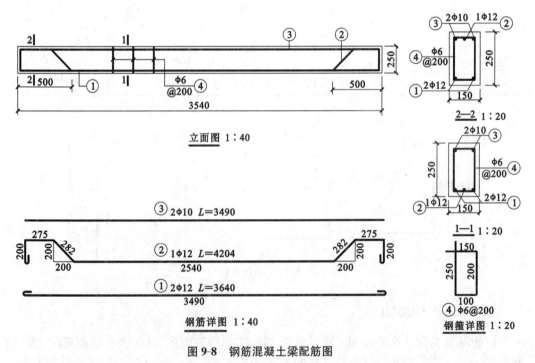

图 9-8 钢筋混凝土梁配筋图

② 钢筋详图。对于配筋较复杂的钢筋混凝土构件，应把每种钢筋抽出，另画钢筋详图来表示钢筋的形状、大小、长度、弯折点位置等，以便加工。

画钢筋详图时，应将钢筋在梁中的位置由上向下逐类抽出，用粗实线画在相应梁(柱)的立面图下方或旁边，应用相同的比例，其长度与梁中相应的钢筋一致。同一编号的钢筋只需画一根。依次画好各类钢筋的详图后，应随后在每一类钢筋的图形上注明有关数据与符号。例如,②号钢筋是弯起钢筋,由标注 1Φ12 可知这种钢筋只配有一根 Ⅰ 级钢筋,直径为 12 mm,总长 L 为 4204 mm,每分段的形状和长度直接注明在各段处,不必画尺寸线,如"282""275""200"等。有斜段的弯折处,用直接注写两直角边尺寸数字的方式来表示斜度,如图 9-8 中水平和竖向的"200"。对于③、①号直筋,除同样给以编号,注出根数 2、直径、型号Φ、总长 L 外,还要注出平直部分(①号钢筋是算到弯钩外缘的顶端)的长度。

③ 断面图。梁的断面图表示梁的横断面形状、尺寸和钢筋分布情况。下面以1—1断面图为例加以说明。1—1断面图是一个矩形,高 250 mm,宽 150 mm,图中黑圆点表示钢筋的横断面。梁下部有三个圆点,其编号是①和②。①号钢筋共 2 根,分居梁的两侧,直径为 12 mm。②号钢筋在两根①号钢筋的中间,只有一根,其直径为 12 mm。断面的上部有两个黑圆点,编号为③,是架立钢筋,直径为 10 mm,围住五个黑圆点的矩形粗实线是④号钢箍,直径是 6 mm。显然,断面图是配合立面图进一步说明梁中配筋构造的。

由于梁的两端都有钢筋弯起,故在靠近梁的左端面处再截取 2—2 断面,以表示该处的钢筋布置情况。一般在钢筋排列位置有变化的区域都应取断面,但不要在弯起段内(如②号钢筋的两个斜段)取断面。

立面图的绘制比例可用 1∶50 或 1∶40,断面图的绘制比例可比立面图所用的比例大一倍,即用 1∶25 或 1∶20 画出。

④ 钢箍详图。钢箍详图一般画在断面图的旁边,图 9-8 中画在断面图的下方,用与断面图相同的比例画出,并注明钢箍四个边的长度,如"250""200""150""100"。这里要注意带有弯钩的两个边,习惯上假设把弯钩扳直后画出,以方便施工人员下料。

此外,为了做施工预算、统计用料以及加工配料等,还要列出钢筋表,如表 9-3 所示。

表 9-3　　　　　　　　　　　　　　　　　　**钢筋表**

钢筋编号	直径(mm)	简　图	长度(mm)	根数	总长(m)	总重(kg)	备注
①	Φ12	 ⌐‾‾‾‾‾‾‾⌐	3640	2	7.280	7.41	
②	Φ12	⌐╲‾‾‾‾╱⌐	4204	1	4.204	4.45	
③	Φ10	 ─────	3490	2	6.980	4.31	
④	Φ6	 ⊓	700	18	12.600	2.80	

【复习思考题】

9-1　房屋结构包含哪些承重构件?

9-2　什么叫作基础平面图?基础平面图的线型、比例、尺寸标注有什么特点?

9-3　什么叫作楼层结构平面图?其主要内容是什么?

9-4　按在结构中的作用,钢筋可分为哪五种?

9-5　什么叫作配筋图?有何作用?

9-6　梁的配筋图包括哪些内容?各有何作用?

10　装饰施工图

10.1　概　　述

　　20 世纪 90 年代以来,随着社会的进步和物质的丰富,人们对居住环境的要求越来越高,我国室内装饰业迅猛发展。无论是公共建筑还是居住建筑,室内外空间设计、装饰材料、施工工艺及其做法、灯光音响、设备布置等都日新月异。这些复杂的装饰设计内容依然要靠图纸来表达,从而使装饰施工图从建筑施工图中分离出来,成为建筑装修的指导性文件。

10.1.1　装饰施工图的形成与特点

　　装饰施工图是设计人员根据投影原理并遵照建筑及装饰设计规范编制的用于指导装饰施工生产的技术文件。它既是用来表达设计构思、空间布置、构造做法、材料选用、施工工艺等的技术文件,又是进行工程造价、工程监理等工作的主要技术依据。

　　由于装饰设计通常是在建筑设计的基础上进行的,故装饰施工图和建筑施工图密切相关。两者既有联系又有区别。装饰施工图和建筑施工图都是用正投影原理绘制的用于指导施工的图样,都遵守《房屋建筑制图统一标准》(GB/T 50001—2010)的要求。装饰施工图主要反映的是建筑表面的装饰内容,其构成复杂,多用文字和符号作辅助说明。其在图样的组成、施工工艺及细部做法的表达等方面都与建筑施工图有所不同。

　　装饰施工图的主要特点有:

　　① 装饰施工图采用和建筑施工图相同的制图标准;

　　② 装饰施工图表达的内容很细腻,材料种类繁多,所以采用的比例一般较大;

　　③ 装饰施工图中采用的图例符号尚未完全规范;

　　④ 装饰施工图中常采用文字注写来补充图样的不足。

10.1.2　装饰施工图的组成

装饰施工图一般由下列图样组成:

　　① 装饰平面图;

　　② 装饰立面图;

③ 装饰详图；

④ 家具图。

10.1.3　装饰施工图中常用的图例

装饰施工图中的图例应遵守《房屋建筑制图统一标准》(GB/T 50001—2010)中的有关规定。除此之外,还可以采用表 10-1 所示的常用图例。

表 10-1　　　　　　　　　　　　　　　　装饰施工图常用图例

图例	名称	图例	名称	图例	名称
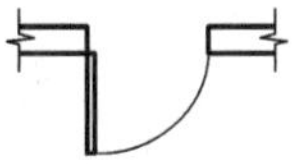	单扇门		其他家具	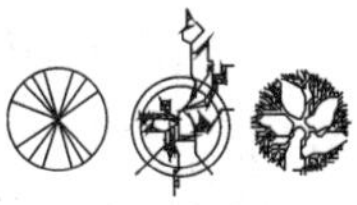	盆花
	双扇门	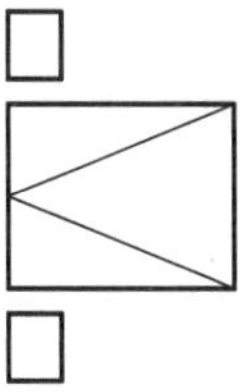	双人床及床头柜		地毯
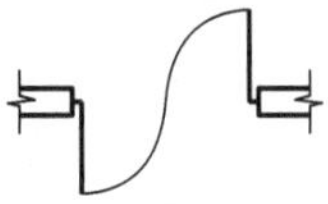	双扇内外开弹簧门				筒灯
					台灯或落地灯
	门铃门铃按钮	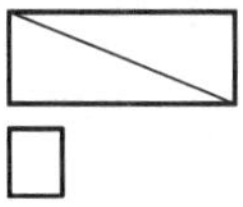	单人床及床头柜	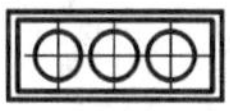	格栅射灯
					转向射灯
					壁灯
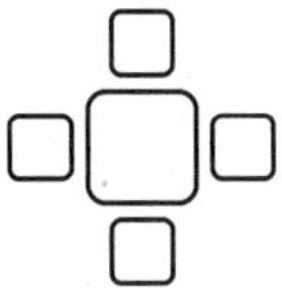	四人桌椅		电风扇		吸顶灯
			电风扇		吊灯
					镜前灯
	沙发		电视机		消防喷淋器
					长条形格栅灯
	各类椅凳		窗布		浴霸
			消防烟感器	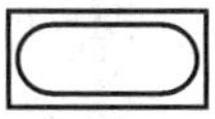	浴缸
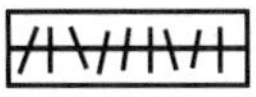	衣柜		钢琴		洗面台
					坐便器

10.2　装饰平面图

装饰平面图是装饰施工图的基本图样,其他图样均是以装饰平面图为依据设计绘制的。装饰平面图包括平面布置图、地面平面图和顶棚平面图。

10.2.1　平面布置图

10.2.1.1　平面布置图的形成与表达

平面布置图和建筑平面图一样,是一种水平剖面图,主要反映建筑平面布局、装饰空间及功能区域的划分、家具设备的布置、绿化及陈设的布局等内容。平面布置图常用的比例为 1∶50、1∶100 和 1∶150。

平面布置图中剖切到的墙、柱的断面轮廓线用粗实线表示;未剖切到的可见形体的轮廓线用细实线表示,如家具、地面分格、楼梯台阶等。如果剖切到的钢筋混凝土柱子断面较小,则可用涂黑的方式表示。

10.2.1.2　平面布置图的图示内容

图 10-1 所示为某别墅的底层平面布置图。该底层空间主要划分为门廊、门厅、娱乐室、储藏间、工人房、车库、卫生间和楼梯间。门廊中布置有休闲桌椅,门厅中对称分布有 4 张椅子和 2 个茶几;娱乐室中布置有棋牌桌、长条台桌以及凳子;卫生间中布置有洗衣机、水槽、洗面盆、小便器和蹲便器等;车库为两车位车库。

平面布置图主要反映的内容有:

① 建筑平面图的基本内容,如墙柱与定位轴线、房间布局与名称、门窗位置及编号、门的开启线等。

② 室内楼(地)面标高(如门厅的地面标高为±0.000,门廊的地面标高为−0.020等)。

③ 室内固定家具(如工具柜、洁具等)、活动家具(如棋牌桌、椅子等)、家用电器等的位置。

④ 装饰陈设、绿化美化等的位置及图例符号(如窗帘、盆花等)。

⑤ 室内立面图的投影符号。

如图 10-2 所示,投影符号用以表明与此平面图相关立面图的投影关系,常按顺时针方向从上至下在直径为 8~12 mm 的细实线圆圈内用拉丁字母或阿拉伯数字进行编号。该符号在室内的位置即是站点,分别以 A、B、C、D 四个方向(四个黑色尖角代表视向)观看所指的墙面。该符号的位置可以平移至各室内空间,也可以放置在视图外。

⑥ 房屋外围尺寸及轴线编号等。

⑦ 索引符号、图名及必要的说明等。

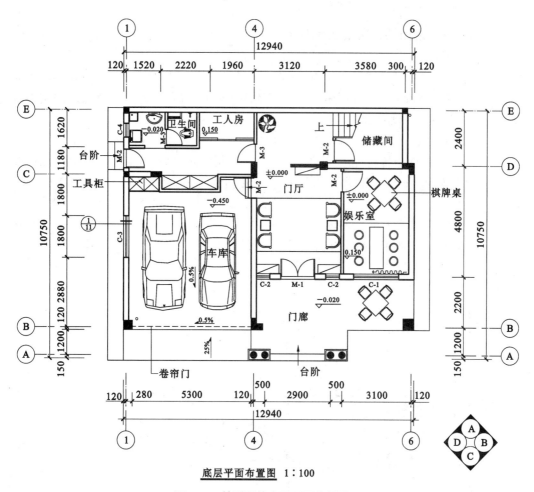

底层平面布置图 1∶100

图 10-1 某别墅的底层平面布置图

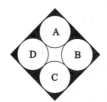

图 10-2 投影符号

10. 2. 2 地面平面图

10. 2. 2. 1 地面平面图的形成与表达

地面平面图同平面布置图的形成方式一样,不同的是地面平面图中不表示活动家具及绿化等的布置,只画出地面的装饰分格,标注地面材质、尺寸和颜色,地面标高等,如图 10-3所示。

其常用比例为 1∶50、1∶100、1∶150。图中的地面分格线采用细实线表示,其他内容按平面布置图的要求绘制。

10.2.2.2　地面平面图的图示内容

图 10-3 所示为某别墅的底层地面平面图。该底层地面的通道部分如门廊、门厅、楼梯间等均采用耐磨的地砖或石材装饰；车库采用美观耐磨的广场砖；卫生间因为水多而潮湿，采用了防滑砖；工人房和娱乐室为人们活动的主要场所，采用了脚感舒适的实木地板。地面平面图的一般图示内容有：

① 建筑平面图的基本内容，如图中的墙柱断面、门窗位置及编号等；

② 室内楼、地面的材料选用、颜色、分格尺寸以及地面标高等（如门厅地面为深色石材，车库地面为 500 mm×500 mm 的广场砖，卫生间地面为 400 mm×400 mm 的防滑砖，各部分的标高也已注出）；

③ 索引符号、图名及必要的说明。

在实际装修中，地面平面图往往和平面布置图组合在一起，形成楼、地面装饰平面图。图 10-4 所示为该别墅的二层楼面平面图。

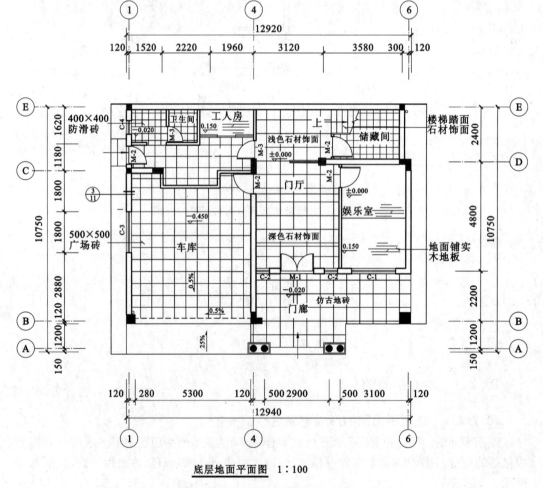

底层地面平面图 1∶100

图 10-3　某别墅的底层地面平面图

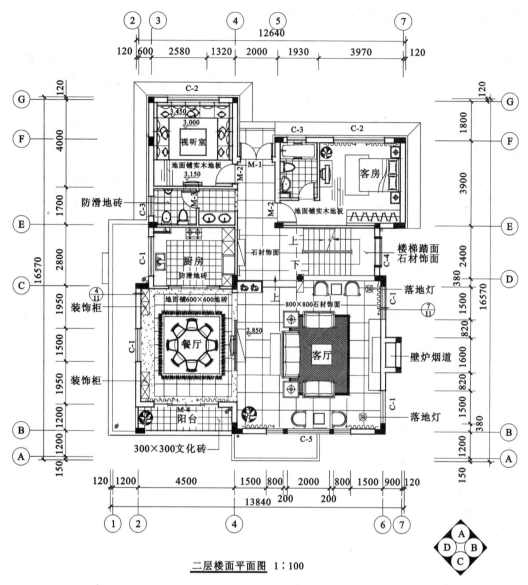

二层楼面平面图 1:100

图 10-4 某别墅二层楼面平面图

10.2.3 顶棚平面图

10.2.3.1 顶棚平面图的形成与表达

顶棚平面图是以镜像投影法画出的反映顶棚平面形状、灯具位置、材料选用、标高及构造做法等内容的水平镜像投影图。它是假想以一个水平剖切平面沿顶棚下方门、窗洞口位置进行剖切,移去下面部分后对上面墙体、顶棚所作的镜像投影图。顶棚平面图是装饰施工的主要图样之一。

顶棚平面图的常用比例为 1:50、1:100、1:150。在顶棚平面图中,剖切到的墙、柱用粗实线表示,未剖切到但能看到的顶棚、灯具、风口等用细实线表示。

10.2.3.2　顶棚平面图的图示内容

图 10-5 所示为某别墅的二层顶棚平面图。从图中可以看出客厅的大部分空间为中空,和三楼的空间融合在一起,局部有吊顶设计,安装了筒灯和转向射灯,角落有一盏斗胆灯;餐厅顶部全部有吊顶,中间有一圆形造型,并安装了一盏大型吊灯,周边分布有小筒灯;厨房和过道、楼梯间有简单吊顶,灯具以筒灯为主,楼梯间安装了长条形格栅灯和一个吸顶灯;客房和视听室顶部有实木造型,选材和做法通过文字进行了说明。顶棚平面图一般包括以下主要内容:

① 顶棚装饰造型的平面形状(如客房顶部的实木造型、餐厅的圆形吊顶等);

② 顶棚装饰所用的装饰材料及规格(如视听室、客房顶部用的实木造型,卫生间顶部采用的 200 mm 宽长条铝扣板等);

③ 灯具的种类(如图中的筒灯、转向射灯、格栅射灯、吊灯、镜前灯、壁灯等)、规格、布置形式和安装位置,顶棚的完成面标高;

④ 空调送风口位置、消防自动报警系统、吊顶有关音响设施的平面布置形式和安装位置(如图中厨房顶部的通风口等);

⑤ 索引符号、说明文字、图名及比例等。

10.2.4　装饰平面图的识读要点

装饰平面图是装饰施工图中最主要的图样,其表现的内容主要有三大类:第一类是建筑结构及尺寸;第二类是装饰布局、装饰结构以及尺寸关系;第三类是设施、家具的安放位置。在识读装饰平面图的过程中,要注意以下几个要点:

① 识读标题栏,弄清为何种平面图,进而了解整个装饰空间各房间的功能划分及其开间和进深,了解门窗和走道位置。

② 识读各房间所设置家具与设施的种类、数量、大小及位置,熟悉各种图例符号。

③ 识读平面图中的文字说明,明确各装饰面的结构材料及饰面材料的种类、品牌和色彩要求,了解装饰面材料间的衔接关系。

④ 通过平面图上的投影符号,明确投影图的编号和投射方向,进一步查阅各投射方向的立面图。

⑤ 通过平面图上的索引符号(或剖切符号),明确剖切位置及剖切后的投射方向,进一步查阅装饰详图。

⑥ 识读顶棚平面图,需要明确面积、功能、装饰造型尺寸、装饰面的特点及顶面各种设施的位置等,未标注部分进一步查阅装饰详图。此外,要注意顶棚的构造方式,应同时结合对施工现场的勘察,如图 10-5 所示。

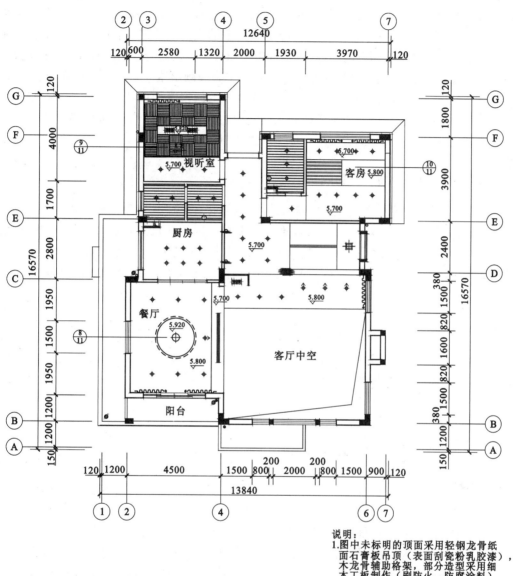

二层顶棚平面图　1∶100

图 10-5　某别墅二层顶棚平面图

说明:
1.图中未标明的顶面采用轻钢龙骨纸面石膏板吊顶(表面刮瓷粉乳胶漆),木龙骨辅助格架,部分造型采用细木工板制作(刷防火、防腐涂料)。
2.视听室、客房顶面局部用实木造型。
3.卫生间顶面采用200 mm宽长条铝扣板。

10.3　装饰立面图

10.3.1　装饰立面图的形成与表达

装饰立面图以室内装饰立面图最为常见,它是将房屋的内墙面按投影符号的指向向直立投影面所作的正投影图,用于反映房屋内墙面垂直方向的装饰设计形式、尺寸与做法、材料与色彩的选用等内容。它是装饰施工图中的主要图样之一,是确定墙面做法的主要依据。房屋装饰立面图的名称,应根据平面布置图中投影符号的编号或字母确定。

室内装饰立面图多表现单一的室内空间,用粗实线画出这一空间的周边断面轮廓线(即楼板、地面、相邻墙交线),用中实线绘制墙面上的门窗及凸凹于墙面的造型,其他图示内容、尺寸标注、引出线等用细实线表示。室内装饰立面图中一般不画虚线。

装饰立面图的常用比例为 1:50,可用比例为 1:30、1:40 等。

10.3.2　装饰立面图的内容

图 10-6 所示为某别墅的二层 B 立面图,是人站在客厅往 B 方向(如图 10-4 中投影符号所示)看到的墙面。该墙面的主体装饰为一壁炉。壁炉的台面为黑金沙石材;壁炉的背景墙用彩陶砖造型,上面挂有壁画;壁炉两侧用硅钙板造型,用乳胶漆刷面,无造型的墙面用布艺纱帘装饰。另外,室内有两盏落地灯,两盏羊皮吊灯,壁炉台面上有烛台。总的来说,装饰立面图中主要有以下几项内容:

① 室内立面轮廓线。

② 墙面装饰造型及陈设、门窗造型及分格、墙面灯具、暖气罩等装饰内容。

③ 装饰选材,立面的尺寸、标高及做法说明。图外一般标注 1~2 道竖向及水平尺寸,以及楼地面、顶棚等的装饰标高。

④ 附墙的固定家具及造型。

⑤ 索引符号、说明文字、图名及比例等。

10.3.3　装饰立面图的识读要点

① 首先查看装饰平面图,了解室内装饰设施及家具的平面布置情况,由投影符号查看立面图。

② 明确地面标高、楼面标高、楼梯平台等与装饰工程有关的标高尺寸。

③ 识读每个立面的装饰面,清楚了解每个装饰面的范围、选材、颜色及相应做法。

④ 立面上各装饰面之间的衔接收口较多,应注意收口的方式、工艺和所用材料。这些收口的方法一般按图中的索引符号去查找节点详图。

⑤ 注意有关装饰设施在墙体上的安装位置,如电源开关、插座的安装位置和安装方式。

⑥ 一项工程往往需要多幅立面图才可以满足施工要求,这些立面图的投影符号均在楼、地面装饰平面图中标出。因此,识读装饰立面图时,必须结合平面图,细心地进行相应的分析研究,再结合其他图纸逐项审核,掌握装饰立面的具体施工要求。

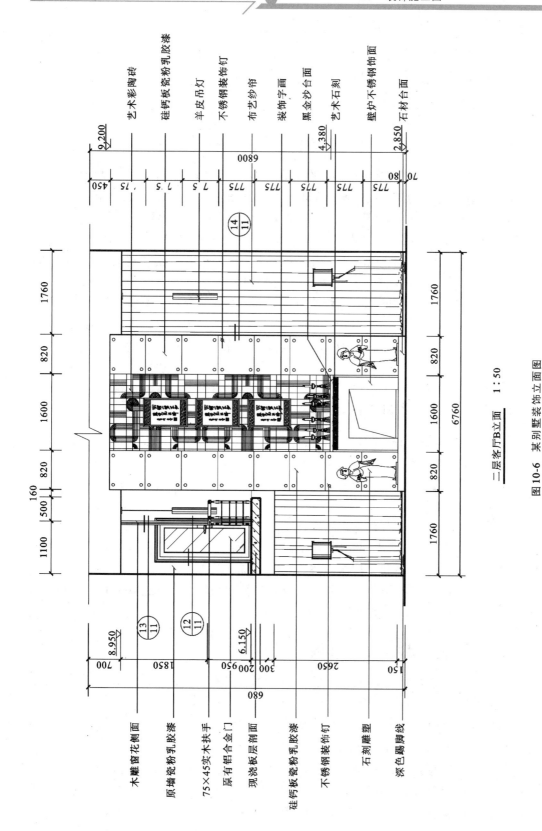

二层客厅B立面　1:50

图10-6　某别墅装饰立面图

10.4 装饰详图

10.4.1 装饰详图的形成与表达

由于装饰平面图、装饰立面图的比例一般较小,很多装饰造型、构造做法、材料选用、细部尺寸等难以表达清楚,满足不了装饰施工、制作的需要,故需放大比例画出详细图样,形成装饰详图(又称大样图)。装饰详图是对装饰平面图和装饰立面图的深化和补充,是装饰施工及细部施工的依据。

装饰详图一般采用的比例为1:20~1:1。在装饰详图中,剖切到的装饰体轮廓用粗实线绘制,未剖切到但能看到的部分用细实线绘制。

装饰详图包括装饰剖面详图和构造节点详图。装饰剖面详图是将装饰面作整体或者局部剖切,并按比例放大画出剖面图(或断面图),以精确表达其内部构造做法及详细尺寸。构造节点详图则是将装饰构造的重要连接部分,按垂直或水平方向切开,或把局部立面,并按一定放大比例画出的图样。图10-7所示为窗帘盒详图。

10.4.2 装饰详图的图示内容

装饰详图的图示内容一般有:

① 装饰形体的建筑做法;

② 造型样式、材料选用、尺寸标高;

③ 装饰结构与建筑主体结构之间的连接方式及衔接尺寸,如钢筋混凝土与木龙骨、轻钢及型钢龙骨等内部骨架的连接图示,选用标准图时应加索引符号;

④ 装饰体基层板材图示(剖面图或者断面图),如石膏板、木工板、多层夹板、密度板、水泥压力板等用于找平的构造层次(通常固定在骨架上);

⑤ 装饰面层、胶缝及线角的图示(剖面图或断面图)、复杂线及造型等还应绘制详图;

⑥ 色彩及做法说明、工艺要求等。

10.4.3 装饰详图的识读要点

① 结合装饰平面图和装饰立面图,了解装饰详图源自何部位的剖切,找出与之相对应的剖切符号或索引符号;

② 熟悉和研究装饰详图所示内容,进一步绘制装饰工程各组成部分或其他图纸未表达的施工工艺、材料等细节的做法;

③ 装饰工程的工程特点和施工特点,往往使表示细部做法的图纸比较复杂,不像土建和安装工程图纸那样广泛运用国标、省标及市标等标准图册,故读图时要反复查阅图纸,要特别注意装饰剖面详图和构造节点详图中各种材料的组合方式及工艺要求等。

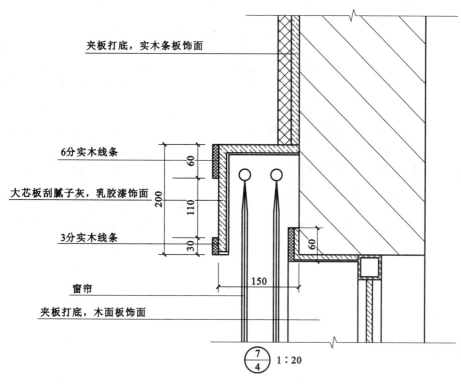

夹板打底，实木条板饰面

6分实木线条

大芯板刮腻子灰，乳胶漆饰面

3分实木线条

窗帘

夹板打底，木面板饰面

60

200

110

30

150

60

7/4 1：20

图 10-7 窗帘盒详图

10.5 家 具 图

家具是室内环境设计中不可或缺的组成部分。家具具有使用、观赏和分割空间关系的功能,有着特定的空间含义。它们与其他装饰形体一起,形成室内装饰的风格,表达出特有的艺术效果,提供相应的使用功能。在室内装饰工程中,为了使装饰风格和色彩协调配套,室内的配套家具往往需要在装修时一并做出,如电视柜、椅子、酒柜等。这时则需要用家具图来指导施工。

10.5.1 家具图的组成与表达

家具图通常由家具立面图、平面图、剖面图和节点详图组成,图示比例与线宽同装饰详图。

10.5.2 家具图的内容与识读

图 10-8 所示为一佛龛详图。家具图的图示内容一般有:
① 家具的材料选用、结合方式(结合钉结合或者胶结合);
② 家具的饰面材料、线脚镶嵌装饰、装饰要求和色彩要求;

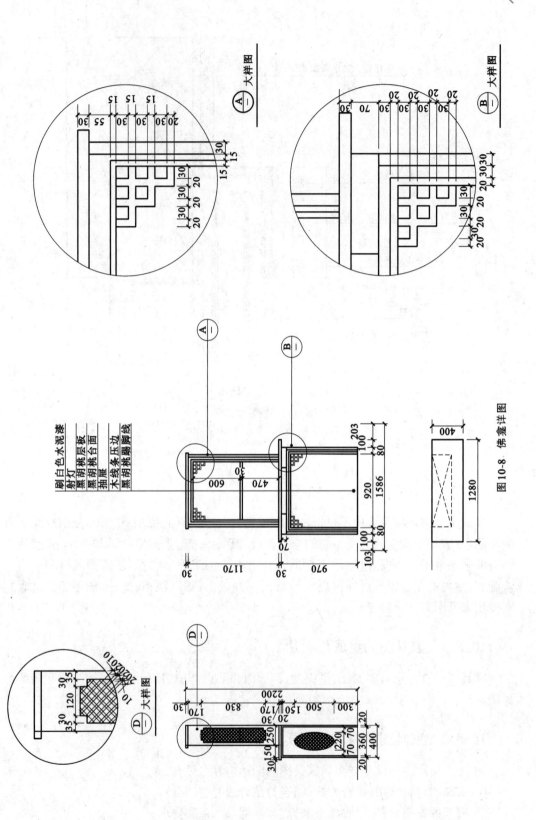

图 10-8 佛龛详图

③ 装配工序所需用的尺寸。

在装饰施工图中,家具图以详图的形式予以重点说明,有利于单独制作和处理。家具图的识读方法与装饰详图、平面图和立面图等相同。

【复习思考题】

10-1 装饰施工图有什么特点？包括哪些图样？

10-2 楼、地面装饰平面图与建筑平面图有什么区别？

10-3 顶棚平面图采用什么投影法绘制？试述顶棚平面图的内容。

10-4 试述装饰立面图的内容。装饰立面图的投影符号在哪个图样上查找？

10-5 装饰详图有哪些图示方法？试述装饰详图的内容。

10-6 家具图由哪些图样组成？试述家具图的内容。

11 室内给水排水工程图

11.1 概　　述

一套完整的施工图除建筑施工图、结构施工图外,还应包括设备施工图。设备施工图又包括室内给水排水工程图、建筑电气工程图和建筑采暖通风工程图。本章仅对室内给水排水工程图作简要介绍。

给水排水工程包括给水工程和排水工程两个部分。给水工程是指水源取水、水质净化、净水输送、配水使用等工程,排水工程是指污水(生活、粪便、生产等污水)排除、污水处理、处理后符合排放标准的水进入江湖等工程。给水排水工程是由各种管道及其配件、水的处理和存储设备等组成的。

给水排水工程的设计图样,按其工程内容的性质大致可分为三类:

① 室内给水排水工程图;

② 室外给水排水工程图;

③ 净水设备工艺图。

室内给水排水工程图一般由管道平面图、管道系统图、安装图及施工说明等组成。本章将介绍室内给水排水工程图的表达方法和图示特点。

在用水房间的建筑平面图上,采用直接正投影法绘出卫生设备、盥洗用具和给排水管道布置的图样,这种图样称为室内给排水管道布置平面图。

为了说明管道的空间联系和相对位置,通常将室内管道布置情况绘制成正面斜轴测图,这种图样称为室内给排水系统图。管道平面图是室内给排水工程图的基本图样,是绘制管道轴测图的重要依据。

由于管道的断面尺寸比长度尺寸小得多,因此在小比例的施工图中均以单线条表示管道,用图例表示管道配件。这些图线和图例符号应按《建筑给水排水制图标准》(GB/T 50106—2010)绘制。常用的给排水图例如表 11-1 所示。

表 11-1　　　　　　　　　　常用的给排水图例

名称	图例	名称	图例
水盆、水池	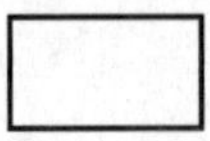 ▭	管道	 ———

续表

名称	图例	名称	图例
洗脸盆		管道	J / P
立式洗脸盆		管道	
浴盆		交叉管道	
化验盆、洗涤盆		三通管道	
漱洗槽		四通管道	
污水池		坡向	
蹲式大便器		管道立管	XL|XL
坐式大便器		存水弯	
小便槽		检查口	
水表井		清扫口	
沐浴喷头		通气帽	
排水漏斗		旋塞阀	
圆形地漏		止回阀	
截止阀		延时自闭冲洗阀	
放水龙头		室内消火栓（单口）	

11.2　室内给水工程图

11.2.1　室内给水管道的组成

图 11-1 所示为三层楼房给水系统的实际布置情况。给水管道的组成如下：

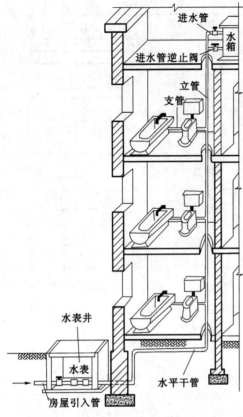

图 11-1 室内给水系统的组成

① 引入管。其是自室外(厂区、校区等)给水管网引入房屋内部的一段水管。每根引入管都装有阀门或泄水装置。

② 水表节点。水表用于记录用水量。根据用水情况,可针对每个用户、每个单元、每幢建筑物或一个居住区设置一个水表。

③ 室内配水管道,包括干管、立管、支管。

④ 配水器具,包括各种配水龙头、闸阀等。

⑤ 升压和贮水设备。当用水量大而水量不足时,需要设置水箱和水泵等设备。

⑥ 室内消防设备,包括消防水管和消火栓等。

11.2.2 布置室内管道的原则

① 在管系统的选择上,应使管道最短,并便于检修。

② 根据室外给水情况(水量和水压等)、用水对象以及消防要求等,室内给水管道可布置成水平环形下行上给式或树枝形

上行下给式两种。图 11-2(a)所示的布置形式为干管首尾相接,有两根引入管,一般应用于生产性建筑;图 11-2(b)所示的布置形式为干管首尾不相接,只有一根引入管,一般用于民用建筑。

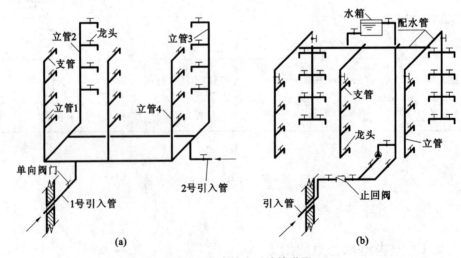

图 11-2 室内给水系统管道图
(a) 水平环行下行上给式布置;(b) 树枝形上行下给式布置

11.2.3　室内给水平面图

（1）平面图

其主要为给水管道、卫生器具的平面布置图。图11-3所示为某职工宿舍给水管道布置平面图。其图示特点如下：

① 用1：50或1：100的比例画出简化后用水房间（如厕所、厨房、盥洗间等）的平面图，墙身和其他建筑物的轮廓用细实线绘制。轴线编号和主要尺寸与建筑平面图相同。

② 对于卫生设备的平面图，用中实线（也可用细实线）按比例用图例画出大便器、小便斗、洗脸盆、浴盆、污水池等的平面位置。

③ 对于管道的平面布置，通常用单线条粗实线表示管道，底层平面图中应画出引入管、水平干管、立管、支管和放水龙头。

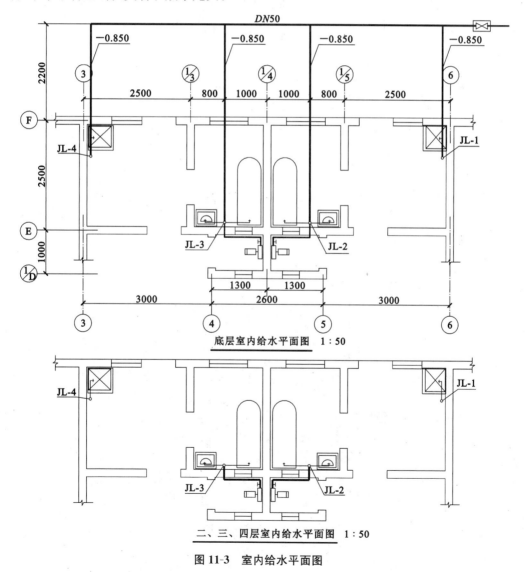

底层室内给水平面图　1：50

二、三、四层室内给水平面图　1：50

图11-3　室内给水平面图

管道有明装和暗装敷设之分。暗装时要有施工说明,而且管道应画在墙断面内。

由图 11-3 可知,给水管自房屋轴线③~⑥之间北面入户,通过四路水平干管进入厨房、浴室等用水房间,再由四根给水立管分别送到二、三、四楼,通过支管送入用水设备。图中 JL 为给水立管的代号,1、2 为立管编号,$DN50$ 表示管道公称直径,给水管标高 -0.850 是指管中心线标高。

(2) 管道系统图

图 11-4 所示为用 45°正面斜等测绘制的给水管道系统图。为了表示管道、用水器具及管道附件的空间关系,绘图时应注意以下三点。

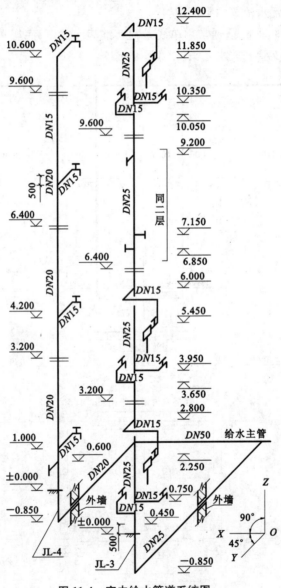

图 11-4 室内给水管道系统图

① 轴向选择的原则是:房屋高度方向作为 OZ 轴, OX、OY 轴的选择应使管道简单明了,避免过多地交错。图 11-4 是根据图 11-3 绘制的,图中方向应与平面图一致,并按比例绘制。

② 轴测图比例应与平面图相同, OX、OY 方向的尺寸直接从平面图中量取, OZ 方向的尺寸是根据房屋层高(本例层高为 3.2 m)与配水龙头的习惯安装高度来确定的。该图配水龙头安装高度一般距楼地面 1 m 左右。

③ 轴测图中仍用粗实线表示给水管道,大便器、高位水箱、配水龙头、阀门等图例符号用中实线表示。当各层管道布置相同时,中间层的管道系统可省略不画,在折断处注上"同×层"即可,如图 11-4 所示。

11.3 室内排水工程图

11.3.1 室内排水管道的组成

如图 11-5 所示,室内排水管道的组成如下。

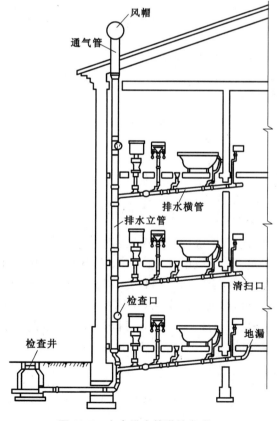

图 11-5 室内排水管道的组成

（1）排水横管

连接卫生器具的水平管段称为排水横管，管径不小于 100 mm，且流向立管的坡度为 2%。当大便器多于一个或其他卫生器具多于两个时，排水横管应设清扫口。

（2）排水立管

管径一般为 100 mm，但不能小于 50 mm 或所连接的横管管径。立管在顶层和底层应有检查口，在多层建筑中每隔一层应有一个检查口，检查口距地面高度为 1 m。

（3）排出管

将室内排水立管中的污水排入检查井（或化粪池）的水平管段称为排出管，管径应大于或等于 100 mm。倾向检查井（或化粪池）方向应有 1%～3% 的坡度。

（4）通气管

在顶层检查口以上的一段立管称为通气管，通气管应高出屋面 0.3 m（平屋顶）至 0.7 m（坡屋顶）。

11.3.2　布置室内排水管时应注意的问题

① 立管布置要便于安装和检修。

② 立管应尽量靠近污物、杂质最多的卫生设备（如大便器、污水池等），横管应有坡度倾向立管。

③ 排水管应选择最短路径与室外管道相接，连接处应设检查井或化粪池。

11.3.3　室内排水工程图的组成

（1）室内排水平面图

其主要表示排水管、卫生器具的平面布置。图 11-6 所示为某职工宿舍用水房间排水平面图，排水横管和排出管均用粗虚线绘制，排水立管用小圆圈表示，⊕ 等为排水管出口符号，卫生器具等按图例用中实线绘制。P 为排水横管代号，PL 为排水立管代号，1、2、3 等分别为立管和横管的编号。通常将给、排水管道的平面布置放在一起绘成一个平面图，但必须注意图中管道的清晰性。

（2）室内排水管道系统图

排水管道同样需要用系统图表示空间连接和布置情况。排水管道系统图仍选用 45° 正面斜等测图表示。在同一幢房屋中，给排水管道系统图的轴向选择应一致。由图 11-6 可知，一个单元的用水房间分四路排水管将污水排出室外，由于每两路排水管道布置均相同，所以只画出从底层至顶层四个用户的两路排水系统图即可。图 11-7(a) 所示为用户厨房的污水排水系统图，用直径 100 mm 的排出管将污水排入窖井。图 11-7(b) 所示为用户的厕所、盥洗间等排水系统图，用直径 100 mm 的排出管把污水排入化粪池。排水横管标高是管内底标高。

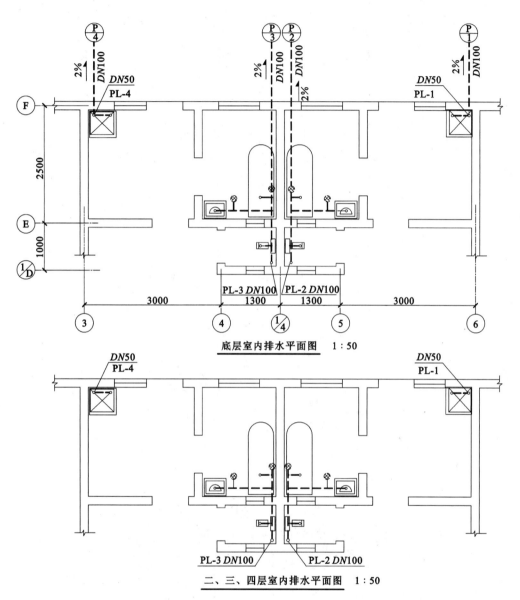

底层室内排水平面图　1:50

二、三、四层室内排水平面图　1:50

图 11-6　室内排水平面图

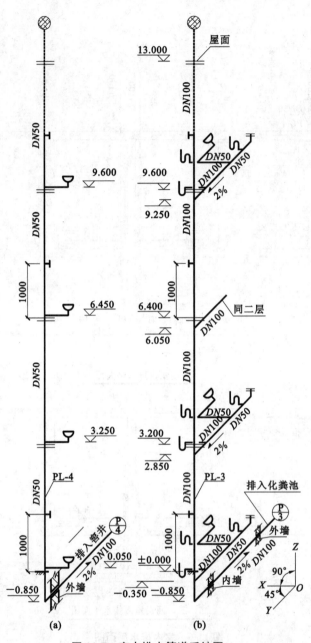

图 11-7　室内排水管道系统图

【复习思考题】

11-1　给水工程和排水工程分别包括哪些内容?

11-2　给水排水工程的设计图样,按其工程内容可分为哪几类?

11-3　什么是给排水管道布置平面图?

11-4　什么是室内给排水管道系统图?

11-5　试描述给水排水工程设计图样中对图线的规定。

12 室外环境工程图

12.1 概　　述

　　园林图是根据投影原理和有关园林专业知识,遵照国家颁布的有关标准和规范绘制的一类专业图纸。园林图是园林界交流的语言,它能够将园林设计者的思想和意图直观地表达出来,使人们可以形象地理解园林设计的艺术效果。园林图是施工的重要依据,它能够使园林设计最终得以准确实现;园林图也是园林建成以后进行养护和管理的依据,它能使园林设计的艺术效果得到长期有计划的再现和发展。

　　园林图的特点如下。

　　① 园林设计的表现对象主要是山岳奇石、水域风景等自然景观,名胜古迹等历史人文景观以及以园林植物、山石、水体、园林建筑、道路广场、园林小品等为素材的人造环境景观,故而园林图表现的对象种类繁多、形态各异。

　　② 由于园林图表现的对象大多以自然形态为主,它们大都没有统一的形状和尺寸,因而使用工具制图较为困难。因此,园林图多以徒手绘制的方法完成。

　　③ 园林专业涉及面广,需要与城市规划、市政建设、建筑设计等诸多领域广泛联系,相互协作,因而园林图的绘制涉及的标准和规范也较多。

12.2　地形的表示方法

　　园林图中,地形的平面图常用地形图表示,地形的立面图常用地形断面图或地形剖面图表示。

12.2.1　地形图

　　山地表面一般是不规则的曲面。假想用一系列高差相等的水平面截割地面,把所得的等高截交线投射在一个高度为 0 的水平投影面(即标高基准面)上,可得一系列形状不规则的等高线。画出地面等高线的水平投影,并标注相应的高度数值,如图 12-1 所示,就是一个标高投影图,称为地形图。园林图中,常用地形图表示地形面。

　　在生产实践中,地形图的等高线是用测量的方法得到的。画地形图的等高线时应注意以下几点:

① 设计地形的等高线是用实线绘制的,原有地形等高线是用虚线绘制的。

② 要在等高线的断开处标注该等高线的高程(高程的含义详见 2.2.4 小节)数字。高程以 m 为单位,不用标注单位。高程数字的字头朝向,规定指向上坡方向,如图 12-2 所示。

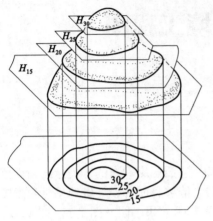

图 12-1　地形面表示法

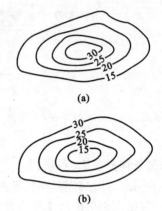

图 12-2　山丘和洼地的地形图

(a) 山丘;(b) 洼地

③ 在一般情况下,等高线是封闭的曲线。在封闭的等高线图形中,如果等高线的高程中间高,外面低,则表示山丘,如图 12-2(a)所示。如果等高线的高程中间低,外面高,则表示洼地,如图 12-2(b)所示。

④ 在同一张地形图中,等高线越密,则表示地面坡度越大;等高线越稀,则表示坡度越小。如图 12-2(a)中的山丘,左右两边比较平缓。

⑤ 其他地形情况。如园林图中的道路、广场、建筑物、山石等,应用高程标注的方法标注出某些特定部位的高程。具体方法是:用十字或小圆点作为标记,在标记旁边标注高程数字。一般道路的转折、交汇处,建筑的转角、首层地面和顶点处,山石的最高点处,水池的最低点处等都需要用高程数字标注,如图 12-3 所示。

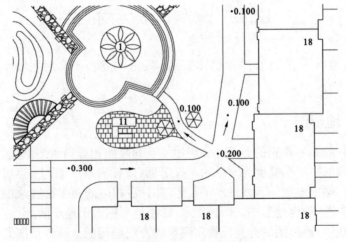

图 12-3　高程数字标注的特殊情况

12.2.2 地形断面图和地形剖面图

12.2.2.1 地形断面图

用一铅垂面(通常设置为正平面)剖切地面,画出剖切平面与地面的截交线及材料图例,就是地形断面图,如图 12-4(b)所示。铅垂面与地面相交,在平面图上积聚成一直线,用剖切线 $A—A$ 表示,它与地面等高线交于 1、2、3 等点,如图 12-4(a)所示。这些点的高程与其所在等高线的高程相同,据此可作出地形断面图,作法如下:

① 以高程为纵坐标,$A—A$ 剖切线的水平距离为横坐标,作一直角坐标系。根据地形图上等高线的高差,按比例将高程注写在纵坐标上,如图 12-4(b)中的 59、60 等,过各高程点作平行于横坐标的高程线。

② 将剖切线 1—1 上各等高线交点 1、2 等移至横坐标轴上。

③ 由 1、2 等点作平行于纵坐标轴的直线,使其与相应的高程线相交,如 4 点的高程线为 66 m,过 4 点作纵坐标的平行线,与高程线 66 相交得交点 K,点 K 就是地形断面轮廓线上的一点,同理可作出其余各点。

④ 徒手将各点连成曲线,加上自然土图例,即得地形断面图,如图 12-4(b)所示。

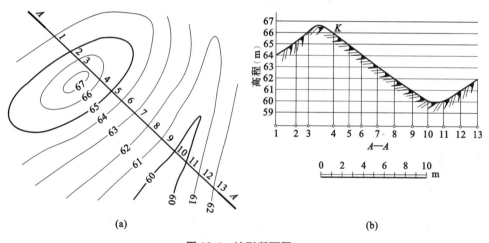

图 12-4　地形断面图

12.2.2.2 地形剖面图

对于地形剖面图,除画出地形断面图外,还要画出沿投射方向未剖到但能见到的其他景物,如园林植物、园林建筑物等。在画地形剖面图之前,要先在地形图上选出适当的剖切位置作出地形断面图,如图 12-4 所示,再作地形剖面图。

地形断面图中的地面截交线要用粗实线画,而断面图后方其他景物的轮廓线宜用中实线画。

图 12-4 所示的地形断面图是根据地形图的等高线,并按比例,用坐标法准确地画出来的。在园林图中,对地形断面图只要求徒手画出。但若了解上述地形断面图的作图原理和方法,则徒手画出来的地形断面图会更接近实际的图形。

12.3 植物的表示方法

植物是园林图中应用数量最多，也是最重要的要素。园林植物种类繁多，形态各异，画法也较为多样。常用的园林植物表现方法有平面图和立面图两种形式。园林植物按照外形特点不同，分为乔木、灌木、竹类、攀缘植物、绿篱、花卉和草坪等。

12.3.1 树木表示法

12.3.1.1 树木的平面表示法

树木的平面表示法是以树干为圆心，树冠的平均半径为半径作圆，在此基础上加以表现。根据树木的种类不同，其可概括为以下4种类型，如图12-5所示。

树木种类繁多，设计工作者可在设计制图过程中根据树木的生长特点、设计需求等自行设计绘制，如图12-5所示。

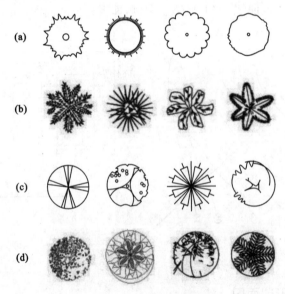

图 12-5 树木的 4 种类型

(a) 轮廓型；(b) 分枝型；(c) 枝叶型；(d) 质感型

12.3.1.2 树冠的避让

树冠避让法是指去掉那些在地形图上能够遮住设计者要突出显示出来的地物、建筑小品、山石、水面等的树冠的一种表现手法，以便清晰、完整地表达地物和建筑小品等。该手法的缺点是树冠为避让其他物体而失去其完整性，不及透明法表现得完整，如图12-6所示。

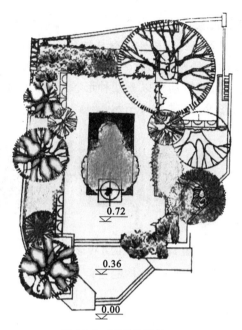

图 12-6　树冠的避让

12.3.1.3　树木的阴影表示法

树木的阴影是增加画面表现效果的重要手段之一,树木的阴影与树冠的形状、光线的角度、地面条件有关。其绘制程序为:① 确定光线的方向;② 以等圆或树冠基本形作为树的阴影;③ 与树冠平面图重叠的部分不画,其余的阴影部分涂黑,如图 12-7 所示。

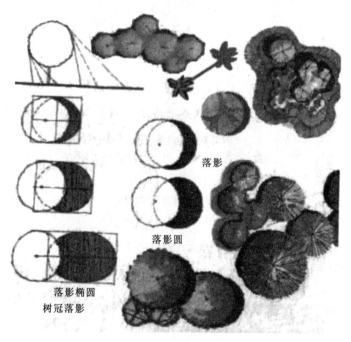

落影

落影圆

落影椭圆
树冠落影

图 12-7　树木的阴影表示法

12.3.1.4 树木的立面表示法

从树木的立面表现可以看出每一种树都有其独特的外形特征,树干与树枝之间的相互位置和各自长度决定了树木的整体形状。树冠的形状因为树枝和树干之间的夹角不同而有所差异,大致可以将树冠概括为以下几种形状,即球形、塔形、圆锥形、伞形、扁圆球形、长圆球形、人工修剪形等,如图 12-8 所示。

图 12-8　树冠的几种形状

树木是立体的,表现时要注意枝干结构的空间感。"树分四枝",即画树枝时不但要有左右伸展的枝干,还要画出前后枝干的穿插。只有把树枝前后、内外的空间层次表现出来,树才会表现出立体感。

树木的立面表现可分为两种类型:一种是写实型,它的绘制方法与绘画写生相同,可以是平面造型,也可以是立体造型;另一种是带装饰性的图案型,它的绘制方法与装饰风景画创作相同。要把握树木的生长规律,抓住树木的主要外形特点,并适当地加以装饰变形,使树木的造型具有一定的几何形状规律性,如图 12-9 所示。

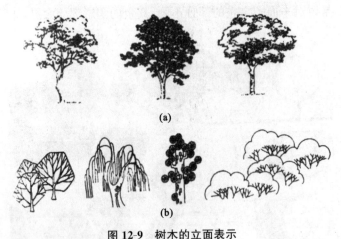

(a)

(b)

图 12-9　树木的立面表示

(a) 写实型;(b) 带装饰性的图案型

12.3.1.5 树木的平、立面对应表示法

在绘制树木的平面图或立面图时,应注意使用恰当的表现手法,以准确表现其效果,如图 12-10、图 12-11 所示。

图 12-10　树木的平、立面对应表示(1)

图 12-11　树木的平、立面对应表示(2)

12.3.2　灌木及绿篱表示法

灌木的高度一般在 6 m 以下,枝干系统不具有明显直立的主干(如有主干也很短),并在出土后即行分枝,或丛生地上。其地面枝条有的直立(直立灌木),有的拱垂(垂枝灌木),有的蔓生地面(蔓生灌木),有的攀缘他木(攀缘灌木),有的在地面以下或近根茎处分枝丛生(丛生灌木)。如其高度不超过 0.5 m,则称为小灌木;如地面枝条冬季枯死,翌春重新萌发,则称为半灌木或亚灌木。灌木表示法如图 12-12 所示。

绿篱是指同一种树木(多为灌木)近距离密集列植成为篱状的景观。绿篱常被用作边境界、空间分割与屏障,或作为花坛、花境、喷泉、雕塑的背景与基础造景等。绿篱表示法如图 12-13 所示。

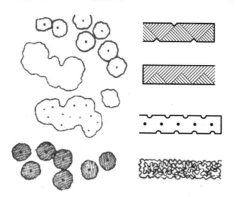

图 12-12　灌木表示法

图 12-13　绿篱表示法

12.3.3　地被植物与草地、草坪表示法

① 打点法,如图 12-14(b)所示。

② 小短线法,如图 12-14(d)、(f)所示。

③ 线段排列法,如图 12-14(a)、(c)、(e)、(g)、(j)所示。

④ 其他表现方法,如图 12-14(h)、(i)所示。

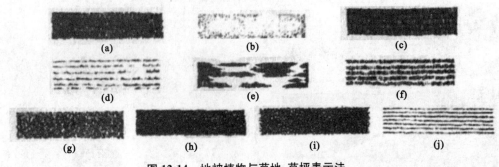

图 12-14　地被植物与草地、草坪表示法

12.4　山石的表示方法

12.4.1　山石的品种和形态

按照山石的构成材料,可将其分为土包石、石包土及土石相间三大类。按照山石堆叠方式,可分为仿云式、仿山式、仿生式、仿器式等类型。山石可用于散点护坡、替代桌椅、路旁蹲陪、装饰墙面、结合水景、配合雕塑等。

我国造园历史悠久,历来盛行用山石特制孤赏峰石,乃为纯自然式抽象艺术珍品,较著名的有苏州的"冠云峰""瑞云峰",杭州的"绉云峰",上海的"玉玲珑",北京的"青芝岫",等等。利用山石堆叠构成的山体形态有峰、峦、顶、岭、崮、岗、岩、崖、坞、谷、丘、壑、岫、洞、麓、台、栈道、登台等,与水体组合构成的形态有泉、瀑、潭、溪、涧、池、湖、矶、汀步等。

山石堆叠既要注意整体造型,又要选择具有明显外观特征的石材,且应因地制宜,就近选取。常用的石类有湖石类、黄石类、青石类、卵石类、剑石类、砂片石类和吸水石类等。中国传统的选石标准有透、漏、瘦、皱、丑。如今,随着现代科学技术的发展,依据现代叠山审美标准,石材可谓"遍山可取,是石堪堆",创作出了大量内容更为丰富、形式更为多样的现代石雕作品。

12.4.2　山石的设计

在室外环境景观工程设计过程中,处理山石部分时需要注意以下几点:

① "山,骨于石,褥于林,灵于水"。

山石的用料和做法,实际上是用于表示一种类型的地质构造存在。在被土层、砂砾、植被覆盖的情况下,人们只能感受到山林的外形和走向,如将覆盖物剥离,则"山骨"尽显。因此,山石在选用上要符合总体设计的要求,要与地形、地貌协调一致,才能够表现出应有的效果,否则容易产生牛唇不对马嘴的效果。

② 在同一地域,所采用的山石种类不宜过多,否则在质、色、纹、面、体、姿等方面难以协调一致,给人以杂乱无章的感觉。

③ 在处理山石的堆叠造型时,更应注重自然、简朴,让人产生自然、舒畅、悦目、毫不做作的感觉,尤其是在采用千层石、花岗石的地方,要求的是整体效果,而非孤石自赏。

山石的整体造型,既要体现艺术的无限创造性,又要符合自然规律,这样才能够创作出令人赞叹的作品。

④ 山石是天然之物,有自然的纹理、轮廓、造型,质地纯净,朴实无华。山石可体现出自然环境与建筑空间的一种过渡,是一种中间体,它只能作局部景点点缀、提示、烘托、补充,切勿滥施,从而失去人造景观的本意。

12.4.3 山石的应用实例分析

12.4.3.1 孤赏石

人们常选用古朴秀丽、形神兼备的湖石、斧劈石、石笋石等置于庭院主要位置,以供观赏。这些孤赏石除本身具有透、漏、瘦、皱、丑的观赏价值,还因历年流传而极具人文价值,往往成为园林中的一景。

孤赏石如上海豫园的"玉玲珑"、苏州的"瑞云峰"、杭州的"绉云峰"和北京的"青芝岫"。相传"玉玲珑"是《水浒传》中花石纲的孑遗,因"以炉香置石底,孔孔烟出;以一盂水灌石顶,孔孔泉流"而著称。"青芝岫"俗称"败家石",相传是明朝太仆米万钟在京郊房山群峰中发现的,并因其获罪丢官,后被乾隆运至颐和园内,赐名"青芝岫"。

12.4.3.2 峭壁石

明代计成在《园冶》中写道:"峭壁山者,靠壁理也,藉以粉墙为纸,以石为绘也。"人们常用英石、湖石、斧劈石等配以植物、浮雕、流水布于庭院粉墙、宾馆大厅内,成为一幅占地少而熠熠生辉的山水画。

12.4.3.3 散点石

散点石的应用是指以黄石、湖石、英石、千层石、斧劈石、石笋石、花岗石等,三五成群地散置于路旁、林下、山麓、台阶边缘、建筑物角隅,配合地形,植以花木,以形成造型。其有时成为自然的几凳,有时成为盆栽的底座,有时又成为局部高差、材质变化的过渡,是一种非常自然的点缀和提示,这是山石在园林中最为广泛的应用。

12.4.3.4 驳岸石

驳岸石的应用是指黄石、湖石、千层石或沿水面、或沿高差变化山麓堆叠,高高低低错落,前前后后变化,使之形成造型,起驳岸作用,也作挡土墙。其造型自然、美观。

12.4.3.5 石山洞穴

石山洞穴是将黄石、湖石、露头石等堆叠成独立或傍土独立的山石,俗称"石抱土"。其一般 3~5 m 高,高者可达数十米,常在山脚设计花坛、池塘、水帘、洞壑,如上海龙华公园的红岩、上海植物园的大假山等。

12.4.3.6 山石瀑布

山石瀑布是指以园林地形为依据,堆放黄石、湖石、花岗石、千层石,引水由上而下形成瀑布跌水。上海虹口公园、人民公园及共青国家森林公园等都置有此类景观。

12.4.4　山石的表示法和绘制

　　石块通常只用线条勾勒轮廓,轮廓线要粗些。石块断面纹理可用较细、较浅的线条稍加勾绘。对于剖面上的石块,轮廓线应采用粗实线,石块剖面上还可以加上斜纹线,如图 12-15 所示。

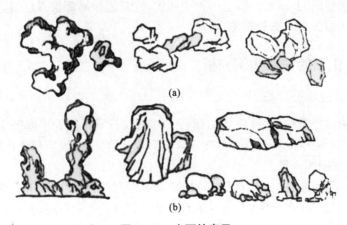

(a)

(b)

图 12-15　山石的表示

（a）山石平面;（b）山石立面

　　不同的山石质地,其纹理不同,表现方法各异。如湖石类的山石,其上面有沟、隙、洞、缝,因而玲珑剔透,多用曲面线表现;黄石的棱角明显,纹理平直,多用直线、折线来表现;青石具有片状特点,多用有力的水平线条进行刻画;石笋外形修长如竹笋,可用直线或者曲线表现其垂直的纹理。山石的绘制方法如图 12-16 所示。

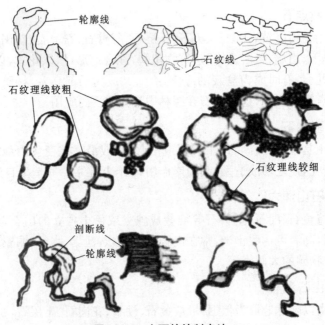

轮廓线

石纹线

石纹理线较粗

石纹理线较细

剖断线

轮廓线

图 12-16　山石的绘制方法

12.4.5　山石小品设计

山石的立面布置和造型用透视图表达,表明主石、次石、配石在高度方向的组合情况,并注出主要山石顶点的标高,如图 12-17 所示。

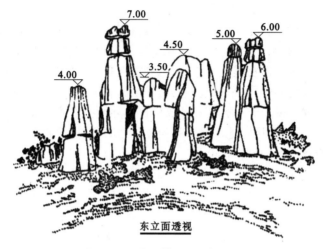

东立面透视

图 12-17　山石的立面透视图

在用平面图表达山石的平面布置时,若无法标注尺寸,则可用方格网作为施工放线的依据,并标注主石基准点的测量坐标,用指北针表明方位,并画出比例尺,如图 12-18 所示。

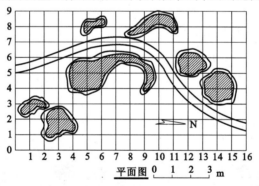

平面图

图 12-18　山石的平面布置图

12.5　水体的表示方法

12.5.1　水体景观

水体基本以下列 4 种形态进行划分,具体如下:

① 水体因压力而上喷,形成各种各样的喷泉、涌泉、喷雾,此为"喷水"。

② 水体因重力而下流,高程突变,进而形成各式各样的瀑布、水帘,此为"跌水"。

③ 水体因重力而流动,形成各种各样的溪流、旋涡等,此为"流水"。

④ 水面自然,不受重力和压力的影响,此为"池水"。

12.5.2　水体景观设计要点

在设计水体景观时,应把握以下几点:

① 明确水景的功能,根据不同的工程完善其相应措施。例如,嬉水类的水景在设计时要考虑人的安全问题,水不宜过深,同时在水体周围设计相应的提示标志,采取防护措施。如果水体是为水生动植物提供栖息场所,则需要根据动植物的生活(长)习性充分考虑水质环境对动植物的影响,并采取相应的防护措施。

② 在设计水体景观时,千万不要将景观从自然环境中剥离出来,而是要系统地去思考。例如,可将水景设计和周围地面排水系统相结合,形成一个循环而又开放的系统,为水体的综合利用及增添活力创造机会。

③ 北方地区在进行水体景观设计时,一定要充分考虑寒冷冬季时所需要的各种防护措施,诸如水管的保温、防冻等。同时,还要兼顾冬季水体景观所承载的使命,例如将水改为冰,以用作公众冬季娱乐活动场地等。

④ 灯光的使用非常重要,绚丽的灯光映衬着美丽婀娜的动态水景,其表现效果将倍增。

⑤ 在设计水体景观时,应充分考虑管线、电线等的综合布局,要将隐蔽工程处理得当、到位,处理好防水层与防潮层的设计。

12.5.3　水与石的结合

水与石创造的空间宁静、朴素、简洁,并具有再造自然的意境。在环境景观工程设计中,用石块点缀或者用组石烘托的例子比比皆是。用假山映衬人造水体,简朴而富有诗意,如图 12-19 所示。一般来说,水体作为环境艺术设计的媒体,通常以装饰水景、休闲水景、居住水景和自然水景四种形态呈现在人们的面前。

图 12-19　水与石的结合

12.5.4 水面的表示方法

水面表示可采用线条法、等深线法、平涂法和添景物法。前三种为直接的水面表示法,最后一种为间接表示法,如图 12-20 所示。

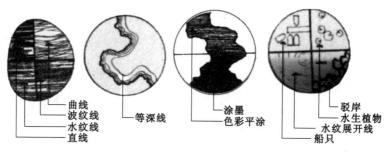

图 12-20 水面的表示方法

（1）线条法

用工具或徒手排列的平行线条表示水面的方法称为线条法。作图时,既可以将整个水面全部用线条均匀地布满,又可以局部留有空白,或者只在局部画些线条。线条可采用波浪线、水纹线、直线或曲线。组织良好的曲线还能表现出水面的波动感。

（2）等深线法

在靠近岸线的水面中,依岸线的曲折作两三根曲线,这种类似于等高线的闭合曲线称为等深线。通常形态不规则的水面用等深线表示。

（3）平涂法

用水彩或墨水平涂表示水面的方法称为平涂法。用水彩平涂时,可将水面渲染成类似等深线的效果。先用细实线作等深线稿线,等深线稿线之间的间距应比等深线大一些,再一层层地渲染,使离岸较远的水面颜色较深。

（4）添景物法

添景物法是利用与水面有关的一些内容表示水面的一种方法。与水面有关的内容包括水生植物(如荷花、睡莲)、水上活动工具(湖中的船只、游艇)、码头和驳岸、露出水面的石块及其周围的水纹线、石块落入湖中泛起的涟漪等。

【复习思考题】

12-1 简述园林施工图的特点。

12-2 植物的表示方法有哪些?

12-3 简述山石的表示方法。

12-4 简述水体的表示方法。

参 考 文 献

[1] 蒲小琼.画法几何与土木工程制图[M].武汉:武汉大学出版社,2013.

[2] 苏宏庆.画法几何及水利土建制图[M].成都:电子科技大学出版社,1991.

[3] 贾洪斌,雷光明,王德芳.土木工程制图[M].北京:高等教育出版社,2006.

[4] 何培斌.建筑制图与识图[M].北京:中国电力出版社,2005.

[5] 毛家华,莫章金.建筑工程制图与识图[M].北京:高等教育出版社,2001.

[6] 魏艳萍,马晓燕,冯丽.建筑识图与构造[M].北京:中国电力出版社,2006.

[7] 马晓燕,冯丽.园林制图速成与识图[M].北京:化学工业出版社,2010.